# 시체를 보는 식물학자

**Murder Most Florid by Dr. Mark Spencer**

MURDER MOST FLORID

식물의 사계에
새겨진
살인의 마지막 순간

# 시체를 보는 식물학자

마크 스펜서 지음 | 김성훈 옮김

더퀘스트

이 책을 식물과 망자들에게 바친다.

# 차례

## 일러두기

1. 식물 학명의 경우, 원서의 표기를 따랐습니다(이명도 그대로 옮겼습니다).
2. 식물 국명의 경우 산림청에서 제공하는 국가표준식물목록에 등록된 추천명을 최대한 따랐습니다. 단 우리에게 익숙한 이름이 따로 있는 경우, 직관적 이해를 위해 괄호로 병기했습니다.
3. 목록에 없는 식물명의 경우, 영문명과 학문명에 최대한 가깝게 표기했습니다.

# 프롤로그

## 전화 한 통

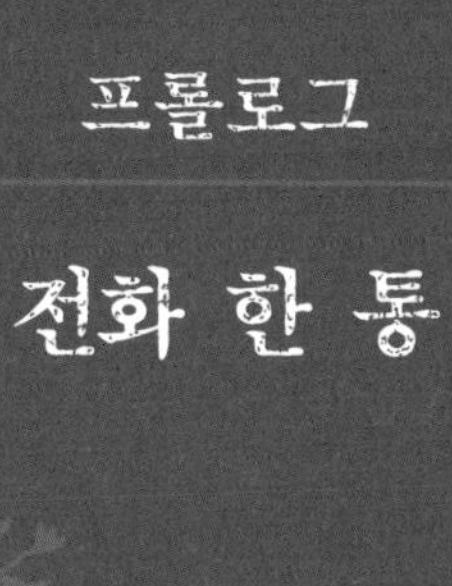

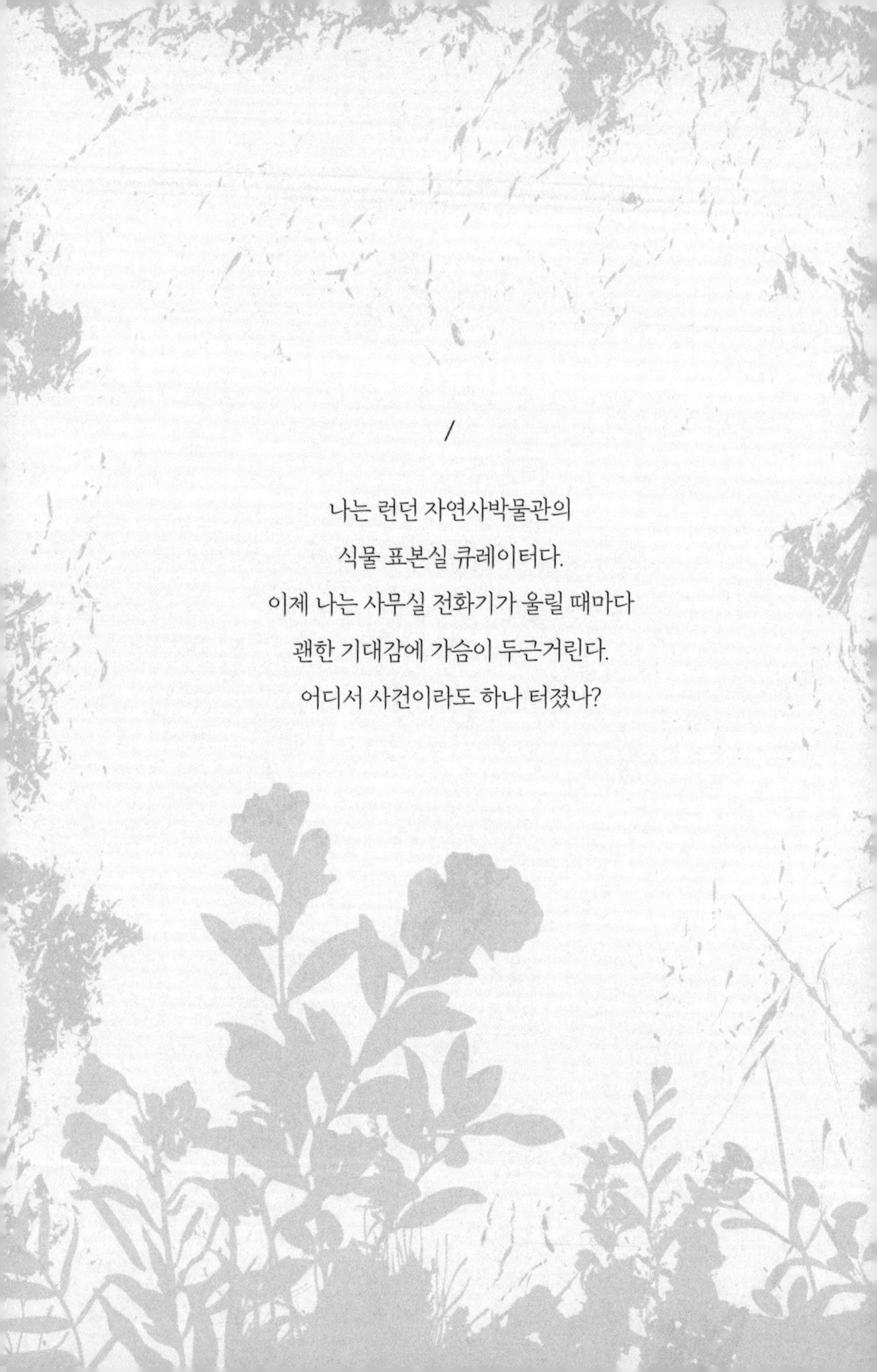

/

나는 런던 자연사박물관의
식물 표본실 큐레이터다.
이제 나는 사무실 전화기가 울릴 때마다
괜한 기대감에 가슴이 두근거린다.
어디서 사건이라도 하나 터졌나?

나는 책상에 앉아 색을 찾아, 마음을 달래줄 자양분을 찾아 눈알을 굴려봤다. 칸막이 없이 트여있는 사무실 공간은 온통 회색투성이에 자연광도 들지 않았다. 지겨웠다. 오늘은 왠지 일이 손에 잡히지도 않았다. 나처럼 좋은 직업을 가진 사람이 웬일인가 싶었다. 나는 런던 자연사박물관Natural History Museum의 영국 및 아일랜드 식물 표본실 큐레이터다. 식물 표본실은 말린 식물의 표본을 모아놓은 곳이다. 이곳은 식물학자라면 경쟁자들과 몸싸움을 해서라도 일단 붙잡고 싶을 직장이다. 하지만 지겨웠다. 오늘 역시 그렇고 그런 날들 중 하루일 뿐이었다.

그 순간 전화가 울려 수화기를 집어 들었다. 동료의 전화겠거니 싶었다. 그런데 동료가 아니었다. 반대편에 수화기를 들고 있는 사람은 범죄 현장 수사관이었다. 살인사건으로 의심되는 현장에 수사를 나가는데 시간을 내어 함께 가줄 수 있는지 물어왔다. 강가에서 심하게 부패된 남자의 시신이 발견됐다고 했다. 남자의 신원은 확인됐고 가족과는 사이가 좋지 않았던 것 같았다. 가족에 의한 살해가 의심스럽지만, 남자의 정신건강 상태 역시 안 좋았으니 자살했을 가능성도 배제할 수는 없었다. 시신은 발견됐을 때 식물에 부분적으로 덮여있었는데, 수사관은 이 식물들이 얼마나 오래된 것인지 알고 싶어했다. 그 정보를 알 수 있다면 시신이 그 자리에 얼마나 오래 있었는지 파악하는 데 도움이 되리라.

시신 주변에 있는 식물에 관해 몇 가지 물어보니, 이 수사관이 식물에 관해서는 아는 것이 거의 없다는 사실이 분명했다. 나도 범죄 현장에 관해 아는 것이 없기는 매한가지다. 크리스토퍼 멜로니Christopher Meloni(미국 드라마 시리즈 〈로앤오더Law&Order: SVU〉에 오랫동안 출연한 배우 –옮긴이)가 나오는 것이 아니면 텔레비전 범죄드라마를 좋아해본 적도 없으니 귀동냥으로 얻은 지식도 없었다. 수사관이 현장 사진을 몇 장 보내주겠다고 했다. 그러고는 내가 이 방면에 풋내기인 것을 눈치채고 굉장히 적나라한 사진들인데 괜찮겠느냐고 물어봤다. 보내달라고 했다. 적어도 회색투성이 사진은 아닐 테니까.

수사관 말이 맞았다. 정말 적나라한 사진이었다. 칸막이가 없는 사무실이었기 때문에 내가 무엇을 보는지 동료들이 보지 못하게 파일을 조심스럽게 열어봤다. 다행히 책상 칸막이가 그나마 높았고, 내 자리는 방 안에서 제일 어두운 구석에 있었다. 내가 나지막이 내지른 소리가 동료들의 귀에도 분명 들어갔을 테지만 동료들은 신경 쓰지 않았다. 동료들은 내가 툭 하면 내는 불평 소리에 익숙해져 있었다.

그 사진들은 시신이 발견된 현장을 생생하게 담고 있었다. 사진 속 현장에는 강둑을 따라 식물이 무성하게 우거져 있어서, 일부가 물에 잠긴 쇼핑 카트와 아주 심하게 부패한 남성의 시신만 없었다면 꽤 목가적으로 보일 풍경이었다. 남성이 입고 있던 옷은 부분적으로 남아있었는데, 대부분 변색돼 구분하기가 쉽지 않았다. 남성의 흉곽, 척추, 팔 그리고 살점이 일부 떨어져나간 머리뼈만큼은 분명하게 보였다. 치아도 드러나 있었다. 치아를 덮어줄 입술이 남아있지 않았기 때문이다. 입술은 그 남성의 시신을 먹고 사는 다양한 유기체들 때문에 사라지고 없었다. 부패가 워낙 심하다 보니 몸에 남은 색은 목탄처럼 짙은 회색빛이나 잿빛밖에 없었다. 그 색이 시신을 둘러싸고 있는 늦여름 식물들의 진한 초록색과 강렬한 대조를 이뤘다. 나는 사진을 들여다보며 내 안에서 어떤 반응이 나올지 기다렸다. 내가 이런 것들을 감당할 수 있을까? 음, 괜찮을 것 같았다. 다행스러운 일이었다.

나는 수사관에게 다시 전화를 걸어 도울 수 있겠다고 답한 후에 현장으로 갈 준비를 했다. 출발하기 전에 위층의 동료들을 찾아갔다. 두 사람 모두 법곤충학자forensic entomologist다. 런던 자연사박물관은 공룡 전문 박물관이라고 알려져 있지만 그 외의 분야에서 세계적으로 인정받는 전문가들도 많다. 그리고 연구자와 큐레이터

인력이 많이 포진하고 있는 분야 중 하나가 곤충학이다. 이들은 박물관의 방대한 곤충 수집품들을 관리하고 연구한다. 법곤충학자들은 곤충에서 수집한 정보를 이용해서 사람이 죽은 지 얼마나 됐는지 추정한다. 이런 추정치를 사후경과시간post-mortem interval이라고 한다. 나는 그들의 조언이 필요했고, 그들은 내게 시신과 그 주변 땅에서 곤충 유충을 수집해달라고 부탁했다. 또 표본을 어떻게 수집하고 저장해야 하는지 설명했다. "괜히 어려운 부탁을 하는 거 아닌가?" 나는 전혀 그렇지 않다고 말했다. 동료들은 내게 개인용 방호복을 챙겨줬다. 그중 한 명은 격려의 말도 해줬다. 그녀는 시신을 대상으로 작업한 경험이 아주 풍부했고, 테네시에 있는 사체농장body farm에서 일한 적도 있었다. 사체농장은 기증받은 시신을 살인 현장이나 재난 현장과 비슷한 시나리오에 맞춰 연구하는 야외 연구시설이다.

◡◡◡◡◡

현장으로 가는 길에 약국에 들러 외과용 비누를 구입했다. 나는 위생에 특별히 강박관념이 있는 사람은 아니지만 곧 마주할 상황이 조금 불안했다. 기차 여행은 길었고, 나는 이제 곧 경험하게 될 일에 관해 마음을 다잡아보려 했다.

도착한 뒤에 나는 지역 경찰서로 찾아가 사건 담당 수사관과 작업을 감독할 범죄과학자를 만나봤다. 수사관이 설명하기를 나와 전화 통화를 한 후에 시신은 치웠다고 했다. 우리는 시신이 발견된 장소로 갔다. 그 지역은 페나인산맥의 가장자리에 있는 작은 도시의 전형적인 경공업 지대였다. 1층짜리 창고와 임대차고가 있었고, 뒤로 작은 강이 흘렀다. 강 주변은 아직까지 살아남은 산업화 이전 시대 풍경들이 점점이 둘러싸고 있었다. 대부분 토착종 나무와 관목들이었지만 비토착 침입종인 호장근**Japanese knotweed, *Fallopia japonica***, 부들레야 다비디**buddleia, *Buddleja davidii***(부들레야), 히말라야 물봉선**Himalayan balsam, *Impatiens glandulifera***도 많이 보였다. 호기심 많은 일반인의 출입을 통제하기 위해 현장 입구에 배치된 경찰관도 한 명 있었다. 우리는 울타리를 넘어 앞으로 걸어나갔다. 그리고 머지않아 썩는 냄새를 맡았다.

현장에 도착하니 수사관이 대부분의 식물을 베어내고 갈퀴로 긁어모아 놓은 것이 보였다. 시작부터 좋지 않았다. 식물의 나이를 추정하려면 식물이 온전한 상태여야 한다! 수사관이 현장을 덮어 놓은 방수포를 걷어냈다. 경찰이 그 남자의 뼈와 소지품들은 치워 놓은 상태였지만 신체 조직과 위 속에 들어 있던 내용물이 주변 식물 위로 여기저기 흩뿌려져 있었다. 냄새는 정말 말도 못할 지경이었다. 나는 풋내기처럼 보이지 않으려고 애썼다. 나와 동행한 수사관이 설명하기를 경찰 측에서는 그 남성의 시신이 몇 달째 거기 있었으며, 그동안 불어난 물에 두세 번 정도 잠겼을 것이라 믿고 있다고 했다.

냄새가 정말 강렬했다. 어찌나 강한지 그 수사관이 이렇게 말했다. "17년 동안 일하면서 이렇게 지독한 냄새는 처음입니다." 나는 이번 현장이 처음이라는 말이 목구멍까지 올라왔지만 참았다. 사실 초짜 티를 내지 않으면서 이 일을 제대로 하겠다고 단단히 마음먹고 있었기 때문에, 무릎을 꿇고 엎드려 식물에 붙어있는 부패한 살점들을 아주 조심스럽게 살펴보기 시작했다. 냄새가 너무 심해 마음 한편에서 구역질의 욕구가 솟구치는 것이 느껴졌다. 하지만 꾹 참고 조사를 이어갔다. 나는 히말라야물봉선의 줄기를 봤다. 아니, 간신히 베어지지 않은 줄기 밑동을 봤다고 해야겠다. 부패한 사람의 신체 조직 일부가 이 줄기들을 땅바닥에 납작하게 누르고 있었다. 아마도 남성의 시신이 이 줄기 위에 있었거나, 어쩌다 그 위에 걸치게 됐던 것 같다. 어느 순간 몸에서 생리적 반응이 올라오면서 토할 것 같은 기분을 느꼈다. 나는 자리에서 일어나 경쾌하게 수사관과 대화를 나누기 시작했다. 이 작전은 효과가 있어서 욕지기가 가라앉았고, 나는 다시 무릎을 꿇고 조사를 이어갔다.

조사를 마무리한 후에 내가 발견한 내용들을 수사관에게 설명하고 한 가지 사항을 지적했다. 풀들을 베어내고 이어서 갈퀴질을 하는 바람에 식물의 상태가 손상돼 있다는 지적이었다. 그래서 조사할 부분도 별로 남아있지 않았다! 하지만 시신이 부분적으로 부패된 히말라야물봉선 줄기 위에 있었다. 히말라야물봉선은 토착종이 아닌 침입종으로, 한해살이 식물이다. 한해살이 식물은 보통 봄마다 씨앗에서 발아하고, 자라고, 꽃을 피워 1년 또는 한 번의 성장기 동안 새로 씨앗을 품는다. 예를 들어 흔한 야생식물인 애기장대**thale cress, *Arabidopsis thaliana***의 경우, 6주도 안 되는 시간 안에 자신의 생활사를 마무리할 수 있다. 히말라야물봉선은 히말라야산맥의 언덕이 자생지다. 매년 봄이면 마지막 서리가 지나간 후에 땅속에 묻혀있던 씨앗이 발아하고, 어린 싹이 1~2미터 정도의 높이까지 빠르게 성장한 후에 꽃을 피워 새로운 씨앗을 뿌린다. 그러다 가을에 첫 서리가 내리면 죽는다. 히말라야물봉선은 아름다워 1830년대에 영국 정원에 도입됐고, 1850년대 말에는 야생으로 퍼졌다. 그 이후로 다산 능력 덕분에 급속하게 자신의 영역을 넓혔다. 1제곱미터의 땅 안에서 이 식물은 씨앗을 3만 2,000개까지 생산할 수 있다. 이 식물은 영국에서 그나마 기온이 낮은 개울이나 강 주변에 특히나 많다.

나는 생태학에 대한 지식을 바탕으로 히말라야물봉선이 6개월 정도 됐다고 추정했다. 그리고 남성의 몸이 이 식물의 줄기를 누른 것이 언제인지도 추정할 수 있었다. 남아있는 줄기가 시신 아래서 다시 자라 올라온 패턴을 살펴보면 된다. 나는 수사관에게 관찰 내용을 바탕으로 시신이 이 장소에 있은 지 2개월이 넘지 않아 보인다고 말했다.

나는 발견한 내용을 종합해서 보고서를 제출하겠다고 설명했다. 하지만 떠나기 전에 동료들이 부탁한 곤충 표본을 수집해야 했다. 나는 동료들이 지시한 내용들을 글자 그대로 철저히 따랐다. 동료들의 말로 파리 유충은 일단 먹이 활동이 끝나면 먹이로부터 떨어진 곳에서 땅속으로 들어가 번데기가 된다고 했다. 이렇게 하는 이유는 그 시체를 먹고 사는 다른 동물에게 먹히지 않기 위함이다. 나는 현장 주변의 토양 표본을 채취하며 그 표본 속에 파리 번데기가 있기를 바랐다. 표본 채취를 마무리하고 나니 수사관이 친절하게도 나를 시신의 소지품을 보관해둔 곳으로 데려가주겠다고 했다. 보관해둔 시신의 옷에는 구더기가 많이 붙어있어서 먼저 모은 것 말고도 추가로 표본을 보충할 수 있을 것 같았다.

우리는 공업단지 안에 있는 간판 없는 경찰서에 도착했다. 경찰에 관한 사회의 태도 변화를 반영하는 것인지, 빠듯한 예산을 반영하는 것인지는 알 길이 없지만, 요즘에는 경찰서가 도시 중심부에 있는 경우가 드물다. 요즘 경찰서는 지역사회의 구석진 곳으로 밀려난 듯 보일 때가 많다. 나는 안내를 받아 어느 방으로 들어갔다. 거기에는 부패하거나 물에 젖은 증거를 건조하기 위해 설계된 캐비닛이 두세 개 있었다. 냄새가 끔찍했다. 실내에는 공기정화시설이 설치돼 있었지만 악취가 쌓여 실외보다 훨씬 고약했다. 건조 캐비닛의 문을 여니 불에 탄 타이어 같은 냄새가 속이 느글거릴 정도로 달콤한 재스민 냄새와 뒤섞여 나를 공격했다. 그 냄새 중 일부는 스카톨skatole이라는 이름으로도 알려진 3-메틸인돌3-methylindole로 이뤄져 있었다. 동물의 사체가 부패하는 동안에는 스카톨 그리고 그와 관련된 화학물질인 인돌indole이 푸트레신putrescine, 카다베린cadaverine과 함께 만들어진다. 경찰관은 나를 혼자 남겨놓고 그 방을 나갔다.

내 앞에는 그 남성의 유품이 있었다. 그의 얼룩투성이 옷은 옷인지 알아보기도 힘들 정도였다. 지금은 사라지고 없는 그 남성의 몸통과 사지의 접힘, 곡선 자국이 얼룩무늬로 새겨져 있었다. 아주 슬픈 장면이었다. 그 장면을 보며 나는 토리노의 수의Shroud of Turin(이탈리아 토리노대성당에 있는 아마포로, 사람의 형상이 희미하게 보이는데 예수가 죽을 때 입었던 것이라 전해진다 -옮긴이)가 떠올랐다. 이유는 나도 모르겠다. 나는 종교가 없다.

핀셋을 들고 옷에서 유충과 번데기를 떼어냈다. 잘 보이지가 않아서 이것들을 떼어내려면 얼굴을 옷에 아주 가까이 갖다대야 했는데, 그래서 곤충을 표본병에 담는 동안 더 강한 냄새를 맡게 됐다. 암모니아 같은 냄새는 아니라 눈물이 나지는 않았지만 콧속을 망치로 때리는 것 같은 느낌이었다. 짙고 불쾌한 액체를 들이마시는 기분이 들었다. 곤충 표본을 모두 채취한 다음, 자리에서 일어나 캐비닛을 닫고 나와 감사한 마음으로 신선한 공기를 들이마셨다. 수사관은 문을 서둘러 닫았고, 나는 인사하고 그곳을 떠났다.

집으로 향하는데 감정이 굉장히 격해졌다. 몸에서 재스민과 고무 냄새가 계속 났다. 기차역 화장실에 들어가 아까 사뒀던 외과용 비누로 손을 격하게 씻었다. 그래도 냄새가 남았다. 살짝 메스꺼운 기분도 들었다. 진화가 나를 이렇게 만들었으니 이런 느낌을 받는 것이 자연스러운 일이라고 스스로를 다독였다. 구개반사gag reflex(구역질을 일으키는 신경학적 반응 -옮긴이)는 독성 물질을 게워내서 잠재적 해악을 최소화하기 위한 진화의 결과물이다. 어쨌든 나는 그 느낌을 어떻게든 해결해야 했다. 그리고 배가 고팠다. 신기하게도 내가 방금 겪은 부패 현장을 상징할 만한 음식을 찾아야겠다고 생각했다. 하지만 선택의 여지가 많지 않아서 마요네즈가 줄줄 흐르는 감자 샐러드를 골랐다. 그리고 기차에 올라 집으로 향했다. 나는 아주 느리고 조심스럽게 식사했다. 샐러드를 한 입씩 입에 넣을 때마다 이런저런 생각과 감정이 머릿속에 한바탕 소용돌이쳤다.

그 냄새가 계속 머릿속을 맴돌았다. 샤워를 하고 옷을 갈아입고 나서도, 며칠이 지난 후에도 여전히 그 짙고 역겨운 냄새를 맡을 수 있었다. 아무것도 남아있지 않다는 것을 알고 있었지만 혹시나 놓친 것이 있나 싶어, 팔뚝에 코를 대고 냄새를 맡아보기도 했다. 머릿속은 여전히 그날 강둑의 현장을 맴돌았고, 나는 계속해서 그날 내린 결론이 옳았는지 곱씹었다. 혹시 무언가를 놓쳤거나, 잘못 본 것이 있지 않을까 계속 두려웠다. 내가 이 일을 다시 할 수 있을까? 내가 이 일을 좋아하게 될까? 그렇다. 나는 이미 그 일에 푹 빠져있었다.

이제 나는 사무실 전화기가 울릴 때마다 괜한 기대감에 가슴이 두근거린다. 어디서 사건이라도 하나 터졌나?

1장

# 말 없는 목격자를 찾는 사람들

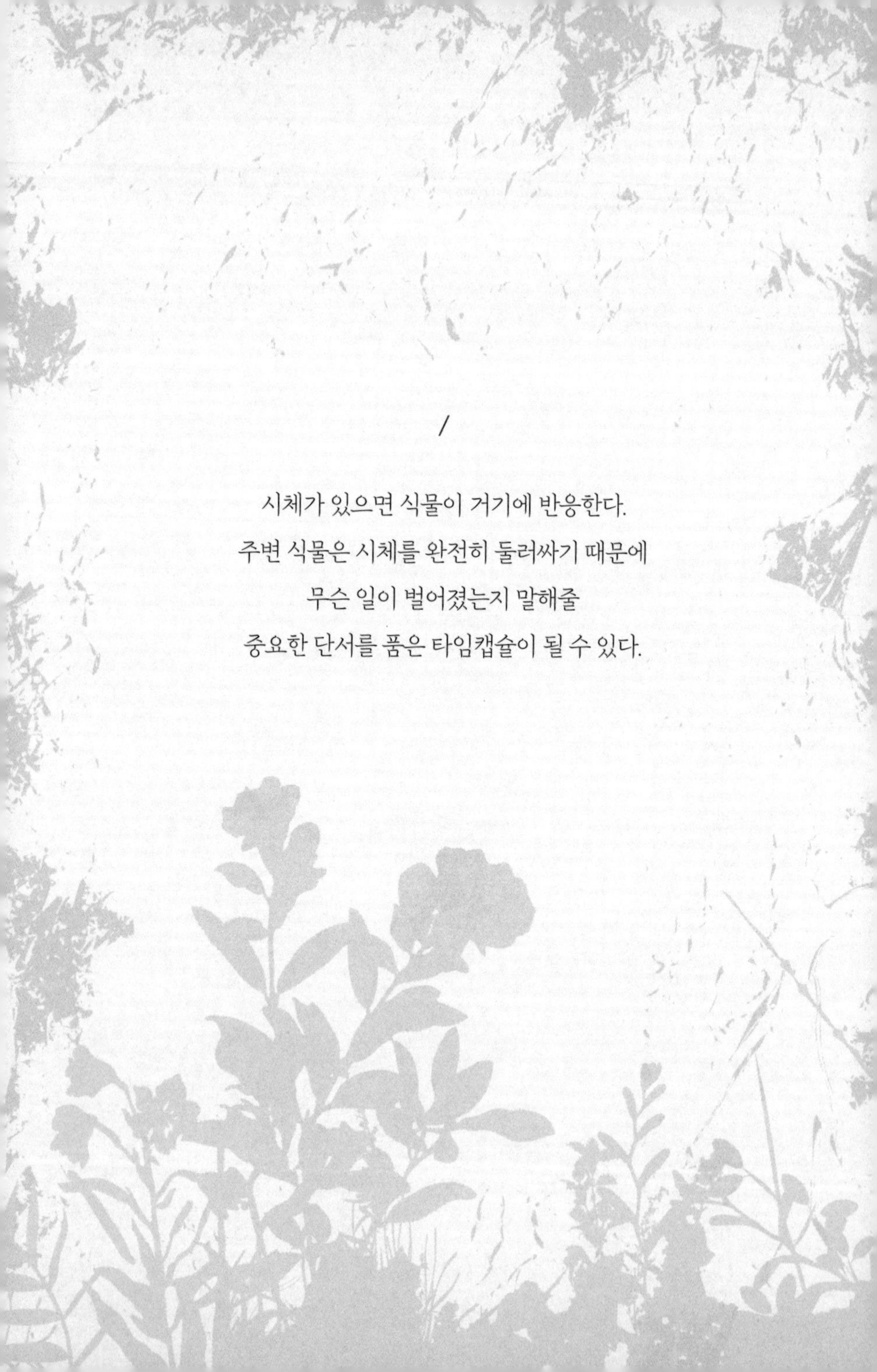

/

시체가 있으면 식물이 거기에 반응한다.
주변 식물은 시체를 완전히 둘러싸기 때문에
무슨 일이 벌어졌는지 말해줄
중요한 단서를 품은 타임캡슐이 될 수 있다.

억지로 감자 샐러드를 먹었던 그날 이후로 거의 10년이 지났다. 그동안 많은 일이 있었다. 이제 나는 자연사 박물관에서 일하지 않는다. 따뜻한 엄마 품속 같았던 그곳을 떠나 혼자서 용감하게 세상으로 나가기로 결심했다. 완곡하게 표현하자면 나는 이제 '포트폴리오 노동자portfolio career'다. 한마디로 여기저기에 발을 담그고 파트타임으로 일한다. 한 친구가 요즘에는 모기지 대출 갚을 생각에 전전긍긍하면서 일감이 들어온 것이 없나 계속 이메일을 두리번거리는 일들을 그런 이름으로 포장해서 부른다고 했다. 나는 스스로를 법의식물학자forensic botanist라 부른다. 물론 이런 이름만으로 내가 하는 일을 모두 포괄할 수는 없다. 나는 식물에 관한 이야기로 사람들을 즐겁게 만드는 엔터테이너이자 강연자로도 일하고 있다. 그리고 할 수 있는 부분이 있다면 내가 흥미를 느끼는 식물학 연구도 계속 이어가려 노력하고 있다.

보통 내 직업을 소개하면 처음 나오는 반응은 이렇다. "무슨…… 식물학자요?" 가끔은 '식물학botany'이라는 단어를 두고 킥킥거리는 사람도 있다. 식물학에 대해서는 들어보지 못한 사람이 많고, 들어봤다고 해도 원예학gardening과 같은 말인 줄 아는 경우가 많다. 원예학은 식물학자들이 연구해서 얻은 지식을 활용하는 경우가 많지만 그렇다고 원예학이 곧 식물학은 아니다. 사실 식물학은 가장 오래된 과학 분야라 할 수 있다. 인류는 고대부터 식물과 균류를 조사하고, 묘사하고, 이해하려 노력해왔다. 16세기 초반까지 유럽에서 식물에 대한 지식은 대부분 테오프라스투스Theophrastus와 디오스코리데스Dioscorides 같은 고대 그리스인들의 연구를 기반으로 했고, 이런 지식 중 상당 부분은 의학과 얽혔다. 그러다 1550년 즈음부터는 현대과학으로서의 식물학이 급속히 발전하기 시작했고, 이제 식물학은 식물의 형태, 분류, 진화부터 해부학, 생리학, 생태학, 유전학에 이르기까지 식물의 모든 측면을 연구한다. 전통적으로 식물학은 균류의 연구도 포함했다. 하지만 식물과 균류의 중요한 생물학적 차이를 이해하게 되면서 균류 연구는 별개의 학문으로 분리돼 진균학mycology이라는 독자적인 이름을 갖게 됐다. 사람들은 식물과 균류의 차이점을 알고 놀랄 때가 많은데, 특히 균류가 식물보다는 우리와 더 가깝다는 사실을 들으면 놀란다. 동물과 균류는 모두 후편모생물opisthokont에 속한다. 후편모생물이라는 단어는 두 생물 집단의 세포 구조와 화학에서 보이는 유사성을 지칭하는 말이다.

과학 비전공자들이 학명을 들으면 기가 죽고 어려워하는 것은 충분히 이해한다. 하지만 약간의 인내심만 있으면 익숙해질 수 있다. 우리가 모르는 사이에 학명을 쓰고 있는 경우도 많다. geranium(제라늄), eucalyptus(유카리), chrysanthemum(국화), fuchsia(후크시아) 같은 영어 식물 이름은 모두 학명에서 나온 것이다. 마찬가지로 octopus(문어), hippopotamus(하마) 같은 영어 동물 이름도 학명을 그대로 사용한 것이다. 학명이 그 자체로 중요하지는 않다. 정보로 이어지는 관문 역할을 할 뿐이다. 직관과 어긋나게 들릴 수도 있다. 과학을 한다는 사람이 이런 말을 하니 더 엉뚱하게 느껴질 수도 있겠지만 본질적으로 이름은 해당 사물과 관련된 중요한 정보에 다가갈 수 있게 적은 메모와 비슷하다. 우리 주변에 흔히 보이는 데이지의 경우, 보편적으로 받아들여지는 학명인 *Bellis perennis*는 1753년에 카를 폰 린네Carl von Linné가 발표했다. 학명은 그 자체로는 중요한 정보를 담고 있지 않지만, 지난 250년 동안 이 식물에 관한 모든 과학 출판물로 우리를 인도한다. 생명체를 지칭할 때 이 보편적인 이름을 사용하면 혼란을 줄일 수 있다.

학명은 이명법二名法, binomial nomenclature으로 표기한다. 데이지의 학명 *Bellis Perennis*의 경우, 이명법은 두 부분으로 이뤄진다. 하나는 속명屬名, genus name, 하나는 종소명種小名, specific name이다(데이지의 경우 *Bellis*가 속명, *perennis*가 종소명에 해당한다). 속명은 가까이 연관된 종들을 묶어서 지칭하는 집합명사다. 속명 *Bellis*의 경우 *Bellis annua*와 *Bellis sylvestris* 등의 다른 데이지 종을 함께 포함한다. 지면을 아끼기 위해 식물학자들은 속명을 약자로 표시할 때가 많다. *Bellis*의 경우에는 그냥 '*B.*'로 표시한다. *B. annua*와 *B. sylvestris*를 보려면 영국 해변에서는 자라지 않으니 서부 유럽이나 지중해로 가야 한다(annua는 대개 종교적인 의미를 가지고 있으며, sylvestris는 숲을 의미하는 라틴어임 -옮긴이).

이명법을 사용하면 동료 과학자나 전문가 또는 판사가 자기가 이야기하고 있는 대상을 다른 사람들이 이해하고 있는 내용과 비교할 수 있고, 검증도 가능하다고 안심할 수 있다. 인간은 세상 온갖 것에 이름을 붙인다(명명법**nomenclature**). 화학에서 원소와 화합물에 이름을 붙이는 것도 명명법의 한 형태다. 이 책의 목적 중 하나는 독자들이 법의식물학 세계로 들어갈 수 있는 통찰을 제공하는 것이고, 학명을 적용하는 방법도 거기에 해당된다. 내가 식물이나 식물의 조각을 관찰한 내용을 사람들에게 설명하려면 내가 그 식물을 무엇이라 생각하는지 전달할 수 있어야 하고, 내 결론을 입증할 수도 있어야 한다. 학명을 이용하면 이 일을 쉽게 할 수 있다.

식물을 설명할 때 영어 통속명**通俗名, vernacular name**만 사용하겠다고 마음먹을 수도 있다. 안타깝게도 표준 영어 이름을 갖고 있지 않은 식물도 있다. 영어 이름을 사용하는 방식도 제각각이다. 그 전형적인 사례가 'bluebell(블루벨)'이다. 영국 본토인 잉글랜드에서는 전통적으로 *Hyacinthoides non-scripta*를 이 이름으로 부르는데 스코틀랜드에서는 예전에 *Campanula rotundifolia*(헤어벨)을 '블루벨'로 불렀다. 야생식물 중에는 지역마다 이름이 수십 가지나 되는 것도 있다. 갈퀴덩굴Cleavers, *Galium aparine*은 저지대에서 흔히 보이는 한해살이 식물인데 bobby buttons, catchweed, claggy meggies, gollen weed, goosegrass, herriff, sticky bob, robin-run-the-hedge, sticky willy 등 지금은 잘 쓰지 않는 수많은 이름을 갖고 있다. 이것들도 그런 이름 중 일부만 간추린 것이다. 일반적으로 학명은 이 정도로 다양한 이름이 존재하는 경우가 드물다.

관습적으로 식물의 학명은 이탤릭체로 표기한다. 이름이 종이 위에서 두드러져 보이게 하기 위해서다. 가끔 내가 spp.라는 약자를 사용하는 것을 보게 될 것이다. 이것은 식물에서 하나 이상의 종을 의미한다(예를 들어 *Acer* spp.는 단풍나무속의 둘 이상의 종을 지칭한다). 가끔 식물의 과科, family에 대해서도 언급할 것이다. 속屬, genus처럼 과도 일종의 집합명사로 생각할 수 있다. 이 경우 과는 서로 연관된 속들을 지칭한다. 예를 들어 꿀풀과Lamiaceae에는 배암차즈기속*Salvia*, 라벤더속*Lavandula*, 백리향속*Thymus*, 오레가노속*Origanum*을 비롯한 많은 속이 포함돼 있다. 이런 짧은 목록이라도 그냥 식물 자체의 정체만 밝히는 것보다 더 많은 의미를 전달할 수 있다. 만약 누군가 나에게 이 목록을 보여주며 이 식물 집단이 어디서 기원했는지 말해달라고 한다면, 나는 지중해 쪽이라고 대답할 것이다. 이 식물들은 지중해의 전형적인 지표식물이고, 계절에 따라 무덥고 건조해지는 화창한 지역의 향기 짙고 가시 많은 관목지에서 발견된다고 말이다.

식물이 범죄와의 전쟁에서 도움이 될 수 있다는 생각은 대부분의 사람에게 큰 놀라움 그리고 약간의 혼란을 안겨준다. 심지어 경찰들한테도 그랬다. 사람들은 내가 독성 식물을 연구하는 거라 생각하는 경우가 많았다. 실제로 그런 경우도 있기는 하지만 자주 있는 일은 아니다. 근래에 어떤 사람은 나를 보고 법의식물학자는 도시 토지관리 관행을 아주 꼼꼼하게 조사해서 비판하는 사람일 거라 가정했다. 그 사람과 내가 당시에 이야기한 내용을 생각해보면 터무니없는 가정은 아니었지만, 그렇게 생각한다는 것이 내게는 조금 충격으로 다가왔다.

내가 법의식물학자로서 하는 업무는 대부분 살인 같은 심각한 범죄가 언제, 어떻게 일어났는지 밝히는 것을 돕는 데 초점이 맞춰져 있다. 시체가 있으면 식물과 다른 생명체들이 거기에 반응한다. 이 생명체들은 주변에서 자라나 시체를 완전히 둘러싸기 때문에 무슨 일이 벌어졌는지 말해줄 중요한 단서를 품은 타임캡슐이 될 수 있다. 죽은 사람을 찾는 것도 내 업무 중 하나다. '미제사건 cold case'을 맡을 때도 있다. 이런 사건의 경우 내 업무는 경찰이 숨어있는 살인사건 피해자를 찾을 수 있게 돕는 것이다. 식물이나 풍경 속의 다른 측면들을 이용해서 실종자나 살인사건 피해자의 위치를 알아내는 데 도움을 준다. 마지막으로 나는 환경에서 나온 미세증거 trace evidence, 특히 이파리나 과일 조각 등을 이용해서 용의자와 범죄 현장 및 희생자의 연결고리를 찾게 돕는 일도 한다. 사람들은 움직이다 보면 식물과 접촉하게 된다. 그러면 식물 조각(그리고 섬유, 흙, 곤충 같은 다른 미세증거)이 용의자, 용의자의 소지품 또는 희생자에게 달라붙게 된다. 이런 조각들은 범죄가 어떻게 일어났는지 이해하는 데 도움이 될 수 있다.

법의식물학은 단독으로는 제대로 일할 수 없는 분야다. 법의식물학은 법의환경학 environmental forensics이라는 폭넓은 범죄과학 분야의 일부다. 여기서 말하는 환경이란, 범죄수사에서 이용할 수 있는 자연계의 물질을 모두 일컫는 포괄적 명칭이다. 토양, 곤충, 동물, 식물, 균류에서 나오는 데이터 모두 이런 환경에 해당한다. 범죄가 환경에 어떻게 흔적을 남기는지 이해하는 일은 어렵고 복잡하다. 부패가 일어나는 화학과정과 미생물 세계의 다양성을 탐구하는 새로운 과학연구 분야가 이 복잡한 법의환경학을 법정에서 사용할 수 있는 기회를 제공하고 있다. 이 부분은 뒤에서 더욱 자세히 다루겠다.

텔레비전 범죄드라마에 나오는 장면들은 재미있기는 하지만 현실과 거리가 멀다. 이런 범죄드라마 중에서 가장 유명하다고 할 수 있는 〈CSI 과학수사대CSI: Crime Scene Investigation〉를 보면 서로 연관성이 없는 몇 가지 과학 분야에 통달한 주인공 길 그리섬Gil Grissom이 영리하게 사건을 해결해나가는 모습이 나온다. 그는 법곤충학자지만 범죄심리학, 지문 채취, DNA 분석, 총기 발사 잔여물 등의 분야에서도 달인인 듯 보인다. 슬픈 일이지만 우리는 대부분 그런 재능을 타고나지 못했다. 만약 그런 다양한 재능을 갖추고 있다고 주장하는 범죄과학 전문가를 만날 일이 있으면 일단 의심부터 해보라. 법의환경학의 한 가지 하위 분야 기술을 완전히 연마하는 데도 많은 시간이 필요하다.

텔레비전을 보면 주인공의 과학적 천재성과 외골수 같은 성격이 멋진 컴퓨터 시설과 빙글빙글 돌아가는 신기한 기계 그리고 다양한 색깔의 시험관들 덕분에 더 돋보인다. 실험실 가운도 거기에 한몫한다. 똑똑한 사람이라면 아무쪼록 실험실 가운 한 벌 정도는 있어줘야 하는 법이니까. 그것도 티끌 하나 묻지 않은 완전 새것으로. 박사학위 과정 동안에 내 실험실 가운은 항상 막 어디 가서 감자라도 캐다온 것 같은 모습이었다. 가끔은 연구에 아주 현대적인 기술이 동원될 때도 있지만, 그저 세심한 관찰과 성능 좋은 현미경 한 대면 족할 때가 많다. 텔레비전 드라마는 첨단기술에 초점을 맞추기 때문에 시청자들은 이런 화려한 장치를 이용하면 눈 깜짝할 사이에 범죄사건이 해결되리라 믿는다. 하지만 보통은 그렇지 않다. 조사는 시간이 걸리는 경우가 많고, 보통 오래전부터 사용하던 기술을 사용해 해당 과학 분야에 관한 철저한 이해를 바탕으로 이뤄질 때가 많다. 내 경우는 식물이 그 해당 분야다.

40년 넘게 살아오는 동안 식물에 대한 나의 사랑이 나를 이런 길로 이끌 것이라고는 한 번도 생각해보지 못했다. 범죄행위가 어떻게 펼쳐졌는지 이해하는 데 식물과 내가 한몫을 하게 될 것이라거나, 세상을 떠난 사람의 가족과 친구에게 내 지식이 위안이 될 것이라고는 꿈에도 생각해보지 못했다.

기밀 유지는 당연히 중요한 부분이다. 사람들이 정보를 빼내려 애쓰는 모습을 보면 놀랍다. 나는 자연사박물관에서 일할 때 범죄과학과는 관련 없는 문제지만 기자에게 한번 속아 넘어간 적이 있어서 대단히 조심한다. 요즘에는 내 일의 실질적인 내용은 전혀 이야기하지 않으면서 장황하게 말을 늘어놓는 데 꽤 능숙해졌다!

사건이 재판으로 넘어가기 훨씬 오래전에 누군가에게 무슨 일이 일어났는지 아는 것은 이상한 경험이다. 내가 진실의 일부를 알고 있는 사건이 뉴스에 나오는 모습을 보는 것 역시 이상한 기분이 들게 한다. 여기서 좀 실망스러운 말을 하나 꺼내야겠다. 만약 텔레비전에서 봤던 흥미진진한 사건에 관해 알 수 없을까 해서 이 책을 읽고 있다면 인터넷을 검색해보는 것이 나을 것이다. 이 책에 내가 조사했던 사건을 활용하고 부분적으로는 그중 일부를 직접 언급하기도 했지만, 이름이나 장소와 관련된 핵심 정보는 공개하지 않았다. 실제 증거를 온전히 다 설명하지도 않았다. 그렇게 했다가는 내 직업적 명성을 해치고, 수사 결과에도 영향을 끼칠 수 있다. 사실 내가 관여한 사건들 중에는 아직도 진행되고 있는 것이 있다. 특히 행방불명된 사람을 수색하는 사건들이 그렇다. 재판으로 넘어간 사건이라고 해도 항상 항소심이 열릴 가능성이 남아 있다. 무엇보다 만약 이런 사건으로 사망한 누군가의 친구나 가족이 이 글을 읽다가 상실의 아픔을 다시 떠올린다면 정말 끔찍하다. 따라서 내가 조사하는 사건에 관해 말을 하거나 글을 쓸 때는 익명성을 유지하려고 노력했다. 내가 방금 한 말이나 쓴 글이 사랑하는 이의 죽음에 관한 이야기라며 청중이나 독자가 책임을 물을까 두렵다. 일어나기 힘든 일인 건 알지만 불가능한 일도 아니다.

어떤 부분을 강조하거나, 사용해본 적이 없거나 전문적으로 잘 다루지 못하는 기술에 관해 이야기할 때는 내가 직접 관여하지 않았고 이미 대중적으로 알려진 사건을 이용했다. 1930년대에 항공기 조종의 선구자 찰스 린드버그Charles Lindbergh 아들의 살인사건을 수사하는 동안 법의식물학이 맡았던 역할이나, 2004년 잉글랜드 요크셔의 항구도시 헐에서 일어난 조안 넬슨Joanne Nelson 살인사건이 그 예다.

첫 사건을 맡은 이후로 나는 사람들이 범죄수사를 어떤 짜임새로 어떻게 진행하는지 신속하게 배워야 했다. 그리고 머지않아 서로 다른 사고방식과 권한을 가지고 일하는 사람들이 뒤엉켜 복잡한 생태계를 이루고 있음을 알게 됐다. 나는 경찰대나 범죄 현장 수사팀을 새로 만날 때마다 그들이 어떤 식으로 행동하고 어떤 기벽奇癖을 갖고 있는지 배워야 했다. 나는 그 사람들이 나를 보며 똑같은 생각을 했을 거라 생각한다. 아마도 '저 꽃쟁이는 대체 뭐 하는 인간이지?'라고 궁금해했을 것이다.

대체로 대부분의 경찰대는 자기네 팀을 다음과 같은 방식으로 구성한다. 현장은 보통 범죄 현장 감독관crime scene manager, CSM(이

하 감독관)이 감독한다. 이 사람은 범죄 현장 수사관crime scene investigator, CSI(이하 수사관)팀을 감독한다. 어떤 경찰대에서는 이런 사람을 범죄 현장 경찰관scene of crime officer, SOCO으로 부르기도 한다. 이들의 역할은 범죄 현장을 안전하게 관리하는 것이다. 일부는 범죄과학 특수 분야에 전문성을 갖추고 있기도 하지만 일반적으로 이들이 맡는 역할은 현장에서 과학적 증거를 찾아내고, 기록하고, 회수하는 것이다. 노팅엄셔 경찰서의 웹사이트에는 이렇게 적혀 있다. "마이애미 CSI와 달리 노팅엄셔 CSI는 직접 증거를 분석하거나 범죄자를 체포하지 않습니다!" 이 중 감독관이 나와 제일 긴밀하게 작업하는 경찰 인력이다.

수사관팀 외에 경찰 수색 고문police search advisor, PolSA(이하 수색 고문)도 있다. 이들은 수색 권한을 부여받은 경찰들이다. 이들 앞에서는 어쩔 수 없이 좀 건방지게 굴어야 한다. 이 사람들은 경찰대 안에서 가장 터프한 사람인 경우가 많다. 존경심을 담아서 하는 말이다. 아주 힘든 일을 하기 때문이다. 텔레비전에서 보이는 수색을 지휘하는 사람이 이들인 경우가 많다. 이 사람들은 정신적으로나 육체적으로나 강해야 한다. 어떤 사람은 몸이 불도저처럼 우람해서 나 같은 사람은 손 하나만 까딱해도 반으로 부러뜨릴 수 있을 것 같아 보인다. 나는 코뼈가 부러져 비뚤어진 사람들한테 끌릴 때가 많다. 이런 사람들 중에는 재미있는 사람이 많기 때문이다! 범죄 현상에서 일하다 보면 아주 지치고 우울할 때가 있는데, 그래서 가끔은 경박스러운 유머에 숨통이 트일 때가 있다.

나는 대부분의 시간을 수색 고문, 수사관 및 감독관과 함께 일한다. 형사detective는 잠깐 같이 일하다 없어지는 경우가 많다. 이들이 일을 열심히 하지 않아서가 아니라 다른 곳에 가야 하는 경우가 많아서다. 수사에 관계된 또 다른 현장에 가거나 목격자나 용의자와 면담해야 하는 경우다. 다른 사건을 함께 맡고 있는 경우도 많다. 전체적으로 형사들이 제일 스트레스가 많아 보인다. 그리고 솔직히 말하면 이들이 경찰대에서 화도 제일 잘 낸다. 나는 이것이 꼭 성격 문제라고 생각하지 않는다. 그들의 업무 자체가 스트레스가 많기 때문이다. 나라면 더 형편없었을 것이다. 형사 업무를 형편없이 했을 거라는 말이 아니라, 살인자를 상대해야 하는데 그 앞에서 공명정대하고 전문적인 모습을 보여야 하니, 나 같으면 균형을 맞추기가 쉽지 않았을 거라는 말이다.

범죄과학 비용 승인 담당자forensic submission staff는 현장과 멀리 떨어져 본부에서 일한다. 이들은 이름 그대로 비용을 승인하는 일을 담당한다. 이 역할을 담당하는 직원이 인기가 많은 조직이 있을까 싶다. 내 경험으로 보건대 경찰 조직도 마찬가지다(가끔은 나도 그런 느낌을 받을 때가 있다). 비용 승인이 지연돼 하염없이 기다리다 보면 마치 야금야금 늪으로 빠져드는 기분이다. 나를 비롯해서 범죄과학 분야에서 일하는 생물학자들이 하는 일은 결국 시간과의 싸움이다. 범죄 현장이나 증거품은 방치되는 시간이 길어질수록 생체 시료가 변하거나, 분해되거나, 유실될 가능성이 그만큼 커진다. 냉난방 잘 들어오는 사무실에서 일하는 사람들은 바깥 날씨를 잊어버리는 경향이 있다. 계절이 하루가 다르게 변하듯이 범죄 현장에 서식하는 식물과 동물들은 계속 움직인다. 이런 변화가 관련된 생물학적 데이터의 회수 가능성에 심각한 영향을 미칠 수 있다. 한번은 18개월을 기다리고 나서야 범죄 현장에 나와 식물을 조사하라는 호출을 받기도 했다. 조사 자체는 상대적으로 간단할 수도 있다. 범죄 현장에 있는 식물의 목록을 작성하면 된다. 하지만 이런 조사도 대단히 중요하다. 증거물에서 회수한 식물 조각을 범죄 현장에 있는 식물과 비교하는 밑바탕이 되기 때문이다. 문제는 식물학자가 아닌 대부분의 사람은 계절을 타는 식물이 많다는 점을 깨닫지 못한다는 것이다. 봄에는 어디든 널려있어도 가을이면 찾아볼 수 없는 식물들이 있다. 그러니 6개월이 넘도록 기다릴 경우 조사가 훨씬 어려워질 수밖에 없다.

범죄과학 서비스 제공업체forensic service provider, FSP에서 나온 전

문가들도 경찰과 함께 일한다. 이곳은 경찰이 자체적으로 갖고 있지 않거나 자원의 한계로 이용할 수 없는 전문기술을 제공하는 민간 영리회사다. 가끔 경찰에서는 자기네 인력이 이미 다른 곳으로 파견돼 현장에 내부 전문가를 부를 수 없는 경우가 생긴다. 그러면 범죄과학 서비스 제공업체에 이런 전문가 서비스를 요청할 수밖에 없다. 나는 범죄과학 서비스 제공업체에서 내 전문지식을 필요로 할 때 하도급으로 일을 받아서 한다. 나는 자체적으로 법의식물학자를 고용하는 범죄과학 서비스 제공업체를 본 적이 없다. 우리는 틈새시장인 셈이다! 또한 법의식물학자로 일한다는 것은 전문가 증인expert witness이 될 수도 있다는 의미다. 필요한 경우 나는 법정에 나가 조사한 내용과 현장에서 내린 결론을 설명하기도 한다.

2장

# 결정적 증거는 식물의 나이

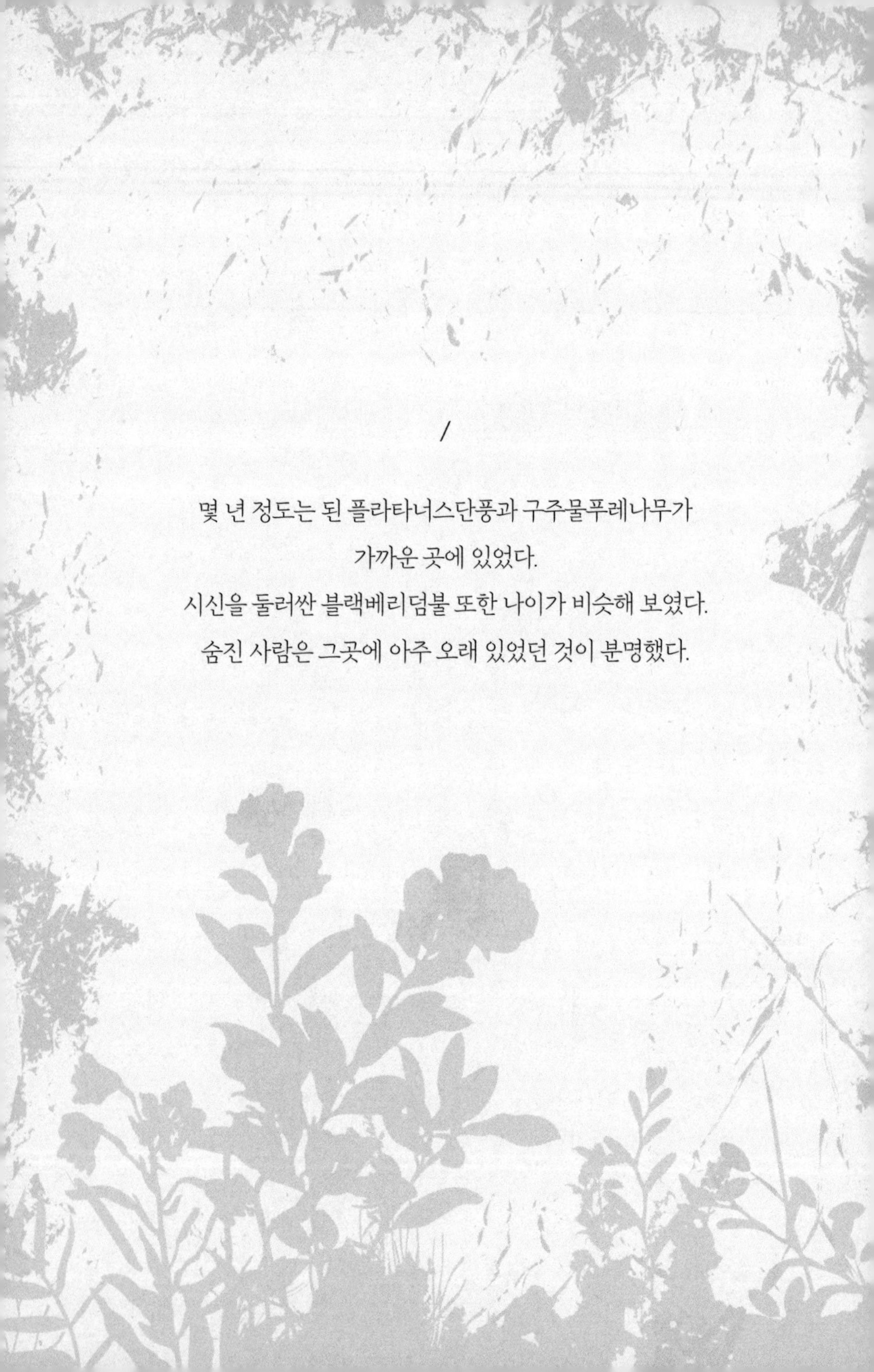

/

몇 년 정도는 된 플라타너스단풍과 구주물푸레나무가
가까운 곳에 있었다.
시신을 둘러싼 블랙베리덤불 또한 나이가 비슷해 보였다.
숨진 사람은 그곳에 아주 오래 있었던 것이 분명했다.

2월이다. 내가 처음 사건을 맡은 이후로 거의 1년이 지났다. 경찰차가 교통체증을 뚫고 나가는 동안 나는 비좁은 뒷좌석에 웅크리고 있었다. 빗물 튀긴 차창 밖으로 보이는 것이라고는 앞 차량의 빨간색, 주황색 후미등밖에 없었다. 반대 차선에서 달려오는 차의 끔찍한 LED 전조등 때문에 자꾸 눈이 부셨다. 전날 나는 박물관에서 일을 하다가 전화를 받았다. 전화를 건 사람이 말하기를, 수십 년에 걸쳐 수로, 철도, 우회로 건설로 깎여나간, 버려진 작은 땅에서 한 남자의 시신이 발견됐다고 했다. 경찰에서는 이 시신이 얼마나 오래됐는지 급하게 알아내야 하는 상황이었다. 사체유기는 사고로 인한 사망, 자연사, 자살 때문이거나 또는 누군가가 사람을 죽이고 그 장소에 가져다 놓은 것일 수도 있다. 놀랄 일도 아니지만 죽음에는 항상 제3자가 관여한다.

차를 몰고 현장으로 가는 동안 감독관이 사건의 배경과 시신이 발견된 정황을 설명했다. 마침내 20분 정도 후에 우리는 주요도로 갓길에 차를 댔다. 우리 앞에 경찰차 두 대가 더 주차돼 있었다. 나는 차에서 내리면서 현장에서 일하는 사람들을 만날 준비를 했다. 사람들과 인사를 할 때마다 항상 조금은 두렵다. 끔찍할 정도로 사람 이름을 잘 기억하지 못하기 때문이다. 가끔 나는 사람이 식물이

나 균류라면 이름을 더 잘 기억했을 거라고 시시껄렁한 농담을 던지며 이 두려움을 달래보려고도 한다. 하지만 지금은 그런 농담이나 던질 때가 아니었기 때문에, 똑똑하고 사려 깊어 보이려고 노력했다. 그렇게 어려운 일은 아니었다. 꽤 어두워진 데다 비가 흩뿌리고 있어서 서로의 얼굴이 잘 보이지 않았다. 세 번째로 누군가가 사건의 배경을 설명하는 것을 듣게 됐는데 이번에는 형사였다. 범죄사건을 맡은 지 거의 1년이 지나고 나니 나는 실제보다 짜증이 덜 난 것처럼 보이는 방법을 배우게 됐다. 반복은 쓸모가 있다. 우리는 반복을 통해 정보를 확실히 머리에 담게 된다. 그리고 나는 각자 나름의 위계와 의사결정 과정을 갖추고 있는 하위집단들이 모여 강력범죄수사를 한다는 것을 알게 됐다. 범죄과학 서비스 제공업체, 감독관, 수색 고문, 형사 등 각각의 주체들이 모두 현재 알려진 내용은 무엇이고, 계획은 어떻게 잡혀있는지 잘 알고 있어야 한다. 나 같은 신참한테는 지시를 내리는 사람이 누구인지와 같은 것들이 헷갈릴 수 있다. 이때 나는 자신감이 있는 듯 보이고, 약어를 말할 때 말을 더듬지 않으려고 애쓴다.

그 버려진 땅으로 들어가기 전에 보건안전에 관한 주의사항을 참고 들어야 했다. 이 주의사항은 수색 고문팀 사람 중 한 명이 나와서 했다. 그는 현장으로 이어지는 제방에 아주 가파른 곳이 있고, 진흙탕도 존재한다고 말했다. 나는 속으로 투덜거리면서 진흙탕이 있다고 말해줘서 참 고맙기도 하다고 빈정거렸다. 이것은 정원사더러 장미에는 가시가 있으니 조심하라고 말하는 것이나 다를 게 없다. 수색 고문팀 사람은 근처에 큰 도로가 있는데 교통량이 많으니 들어가지 말라고도 덧붙였다. 속으로 다시 빈정거리고 싶었다. 그 사람은 나를 괴롭히기로 작정을 했는지 이 모든 것을 굳이 강조하면서 말하는 듯싶었다. 아마도 내가 건장한 체격이 아니라 여려 보여서 그랬을 것이다. 분명 그렇지 않은데 말이다. 나는 명랑하게 식물학자들은 이런 종류의 지형에 대단히 익숙하다고 설명하고 넘겼다. 식물학자들이 질벅거리며 돌아다닐 수 있는 습지보다 좋아하는 장소는 없다. 나는 정말 매력적인 습지를 탐험할 때 아예 팬티만 입고 돌아다니는 것으로 유명했던 사람이다. 경찰 수색 고문에게 그런 세세한 이야기까지 하지는 않았지만.

비탈은 정말 가파르고 미끄러웠다. 그 비탈을 따라 한 여성이 나와 함께 내려왔는데, 장차 내 일에서 대단히 중요해질 사람이었다. 그녀의 이름은 소피였고, 법의인류학자forensic anthropologist였다. 현대 의학의 발전 과정에서 사람의 뼈를 연구해야 할 필요가 있었고, 그 결과 여러 학문이 만들어졌다. 이 중 법의인류학은 사람(그리고 때로는 사람이 아닌 것)의 활동이 사체에 미치는 영향을 이해하기 위해 발달했다. 법의인류학자는 범죄 현장으로 자주 호출되지만 그 일만 하는 것은 아니다. 사고에 의한 사망이나 자살을 수사할 때도 이들의 능력이 필요할 때가 있다. 걸어가면서 소피가 감독관에게 사건의 자세한 내막을 캐물었다. 시신이 발견된 정황을 자세히 알고 싶은 듯했다. 발견 이후로 시신을 건드린 사람이 있는지도 물어봤다. 소피의 눈빛을 보아하니 그런 사람이 있다면 즐거워할 상황은 아닌 게 분명했다. 소피는 꽤 퉁명스러웠지만 사람들에게 존경받고 있는 것이 느껴졌다. 나는 그 자리에서 바로 소피를 좋아하게 됐다. 소피의 신속하고 간단명료한 접근법은 매력이 있었다. 소피는 황소처럼 완고한 사람은 아니었지만 소피의 직설적인 성격이 누군가에게는 무섭게 느껴질 수 있겠다 싶었다. 나는 그것이 신선하게 느껴졌고, 소피가 왜 그렇게 됐는지 이해할 수 있었다. 사람들은 집단에 있을 때 괜히 나서지 않고 망설이는 경향이 있다. 하지만 소피는 일을 진척시키고 싶었고, 또 그럴 필요가 있었다. 신중하고 신속한 행동이 필요한 이유야 많지만 시신을 회수해서 안전하게 확보하려면 그렇게 움직여야 했다. 성격이 급해서 그런 것이 아니었다.

감독관은 경찰이 신원을 확실히 알지는 못하지만 그 뼈가 10년 전에 사라진 한 남성의 뼈라 믿고 있다고 설명했다. 다행히 날이 완전히 저물지 않아서 땅과 식물을 꽤 명확하게 볼 수 있었다. 작년 여름에 피었다가 살아남은 꽃줄기의 뼈대가 아직까지 서 있었다. 방사형으로 대칭을 이루는, 야생화의 일종인 탁한 상아색의 전호cow parsley, *Anthriscus sylvestris* 줄기가 칙칙한 갈색과 초록색으로 썩어가는 쐐기풀nettle, *Urtica dioica*, 오리새cock's-foot, *Dactylis glomerata*, 블랙베리덤불bramble, *Rubus* spp.의 줄기를 배경으로 두드러져 보였다. 현장으로 걸어갈수록 식물들은 차츰 보이지 않았다. 이제 우리는 입체교차로 아래 도착했고, 땅은 거의 맨땅이었다. 몇 년 동안 이곳에는 비 한 방울 떨어진 적이 없었을 것이다. 한때는 계곡의 풍성한 꽃밭이었을 곳이 지금은 거북의 등처럼 갈라진 마른 땅이 되어 근처 도로에서 날아온 마른 이파리와 쓰레기로 뒤덮여 있었다. 부서지고 타버린 집 쓰레기와 자동차 부품 사이에서 노숙한 흔적이 보였다. 10대들이 놀고 간 흔적도 보였다.

공동 출입로는 만들어져 있었다. 공동 출입로를 만드는 목적은 훼손을 최소화해서 증거를 보존하기 위함이다. 아무리 노력을 해도 인간은 조금 뻔한 행동을 한다. 당신이 범죄를 저질렀다고 상상해보자. 아주 깊은 한밤중이고 발각되지 않으려면 신속하게 움직여야 한다. 그럼 거의 모든 사람은 기존에 난 길을 이용해서 다른 사람의 발자국을 따라 움직이게 된다. 그 결과 범인은 적어도 일부 구간에서 개와 산책하러 나온 사람이나 시골길 산책을 좋아하는 사람들이 만들어놓은 길을 따라가는 수밖에 없다. 수시에서 증거 보존이 필요한 곳이 이런 곳이다. 정확한 계획 아래 공동 출입로를 만드는 목적은, 인간의 활동으로 훼손되지 않아 보이는 곳에 현장 출입로를 확보하는 것이다. 이렇게 하면 증거를 온전히 보존할 수 있다.

현장에 가까이 가보니 근처에 사람들이 근래에 활동한 증거가 보이는데도 시신이 오랫동안 발견되지 않은 이유를 이해할 수 있었다. 뼈가 블랙베리덤불, 쐐기풀, 이끼에 부분적으로 둘러싸여 있었다. 비바람에 상한 시신의 옷은 대부분 주변 식물의 색을 그대로 띠고 있었다. 분명하게 볼 수 있는 것은 머리뼈 밖에 없었는데, 그것도 시신 바로 위에서 내려다볼 때만 보였다.

소피와 나는 아무것도 건드리지 않도록 조심하면서 현장을 자세하게 살펴봤다. 우리가 제일 먼저 해야 할 일은 그 시신이 덤불 속 대략 어느 위치에 놓여있는지 판단하는 일이었다. 날이 어두워지고 있어서 점점 더 앞이 보이지가 않았다. 날씨도 쌀쌀해지기 시작해서 바람이 일고, 진눈깨비도 날리기 시작했다. 소피가 나더러 어떻게 생각하느냐고 물었다. 내 능력이 어느 수준인지 살짝 떠보는 것이 분명했다. 내가 보기에 이 시신은 아주 오랫동안 이곳에 있었던 것 같았다. 적어도 몇 년 정도는 되어 보였다. 어린 플라타너스단풍sycamore, *Acer pseudoplatanus*과 구주물푸레나무ash, *Fraxinus excelsior*의 묘목이 주변에 흩어져 있었고, 몇몇은 시신과 아주 가까운 곳에서 자라고 있었다. 대부분 자란 지 몇 년 정도는 된 것 같았다. 시신을 완전히 감싸고 있는 블랙베리덤불 또한 나이가 비슷해 보였다. 숨진 사람은 그곳에 아주 오래 있었던 것이 분명했다. 불장난을 하러 온 10대와 지친 노숙자들이 떠나고 나면 오랫동안 혼자 있었을 것이다.

한 시간 정도 현장을 조사한 후, 우리는 강둑으로 물러나 수사를 어떻게 진행할지 논의했다. 날은 거의 어두워지고 있었다. 기온은 내려갔고, 얼음같이 차가운 빗방울이 얼굴을 찌르기 시작했다. 소피와 나는 관찰한 내용을 감독관과 수색 고문에게 설명했다. 형사는 이미 떠나고 없었다. 이때는 꽤 흔한 일임을 알고 있을 때였다. 형사들에게는 언제나 다음 행선지가 기다리고 있다는 것을 말이다. 우리는 다음에 취해야 할 행동에 관해 의견이 모두 일치했다. 밤 동안 현장을 안전하게 보존해야 했다. 누가 될지 모르겠지만 불쌍한 말단 경찰 한 명이 호기심 많은 사람이나 범인이 현장을 훼손하지 않도록 밤새 지켜야 한다는 의미였다. 시신은 별이 빛나는 밤하늘 아래서 몇 년을 그곳에 누워있기는 했지만, 훼손의 가능성을 줄이기 위해 현장에 추가로 텐트를 설치할 필요도 있었다.

날씨가 더욱 끔찍해졌다. 수색 고문팀이 텐트를 세우고 밧줄을 모래주머니나 무엇이든 손에 잡히는 무거운 물체로 고정한 다음 조명을 설치했다. 그동안 나는 근처의 식물을 조사했다. 일반적인 호기심 때문이기도 했지만 지난 1~2년 동안 어떻게 주변 식물이 변화했는지 이해하기 위한 목적이었다. 이런 부분을 이해하면 사체유기 현장을 해석하기가 더 쉬워진다. 가까이 살펴보니 플라타너스단풍과 어린 구주물푸레나무 묘목들이 처음에 생각한 것보다 나이가 많았다. 예전에 베어졌다가 다시 자란 상태라서 언뜻 어려 보였던 것이다. 새로 자란 부분은 대부분 10년이 안 된 것 같아 보였다. 소피는 시신의 위치와 상태를 기록하는 일에 집중했다. 나는 소피의 일에 합류했다. 더 많이 배우고 싶은 호기심에 그런 것도 있었지만, 시신 주변 그리고 시신을 관통해서 자라는 식물들을 더 가까이 살펴봐야 할 필요도 있었기 때문이다. 이때쯤 공동 출입로와 현장 주변으로 금속 발판이 깔렸다. 이런 발판을 설치하면 우리의 체중이 분산되기 때문에, 발 아래 아직 발견되지 않은 증거가 밟혀서 손상되는 것을 막을 수 있다.

소피는 누군가 뼈에 손상을 가한 흔적이 보이는지 확인하려 열심이었다. 살점이 남지 않아서 코를 뼈 가까이 들이대도 썩은 냄새는 거의 나지 않았다. 뼈에서 폭력을 암시하는 손상이나 외상의 흔적은 보이지 않았다. 하지만 이 늦은 시간에 어두한 조명 아래서 살펴본 것이 전부라, 소피는 여기서 시신을 옮기고 서류 작성을 시작할 생각은 없었다. 소피가 뼈와 남아있는 소지품의 위치를 기록하려면 몇 시간 정도 필요할 것이다. 나도 시신 주변에 있는 식물들의 주요 특성을 더 자세히 살펴보고 그 위치를 지도로 작성해야 했다. 소피는 그러고 난 후에야 시신과 소지품을 옮길 것이다. 각각의 소지품은 증거물 봉투 또는 더 큰 물체인 경우 상자에 담는데, 그 전에 사진을 찍어놓아야 한다. 결국은 내일 다시 돌아와야 할 것이다. 우리는 다시 한 번 비탈을 힘들게 올라갔다. 오가는 사람이 많아지고 더 어두워져서 비탈이 위험했다. 비탈 꼭대기에서 소피가 수사관에게 보고했다. 그 시신이 길게는 10년 정도 그곳에 있었다는 것이 전체적인 결론이었다.

범죄과학이 그리 화려한 분야는 아니라서, 하루 일을 마무리할 즈음에는 온몸이 진흙투성이가 됐고 피로가 몰려왔다. 우리는 근처 호텔에 예약을 해뒀다. 이런 외근은 현장 근무를 할 때 흔한 일이었다. 호텔에 도착하자 소피와 나는 방으로 가서 재빨리 씻고 내려와 아래층에서 늦은 저녁식사를 했다. 내 친구와 가족이 나에 관해서 한 가지 인정하는 부분이 있다. 바로 식탐이다. 나는 호리호

리한 체형인데도 식욕만큼은 로마 황제 못지않다. 먹는 것을 좋아하고, 또 아주 많이 먹는다! 그런데 나온 식사를 보니 조금은 실망스러웠다.

소피는 그 사건과 우리가 관찰한 부분에 관해 놓친 것은 없는지 끊임없이 대화를 시도했다. 몇 년이 지나면서 나는 이것이 대단히 소피다운 모습임을 알게 됐다. 그녀는 몇 시간이고 쉬지 않고 일할 수 있는 사람이었다. 내가 2~3일 동안 하나의 일을 맡을 때 그녀는 시간을 쪼개서 다른 사건과 관련된 일도 함께 해치웠다. 나는 그렇게는 못 한다. 잠을 충분히 자야 한다! 이밖에도 우리는 다른 점이 많다(소피는 어린 아들을 둔 엄마고, 나는 참을성 있는 내 파트너를 제외하면 딸린 식구가 없는 동성애자다). 하지만 어떤 면에서는 비슷하다. 우리는 둘 다 가끔씩 사람들에게 짜증이 난다. 하지만 식물이나 죽은 사람 앞에서는 둘 다 인내심이 강하다.

나는 소피가 여러 해 동안 비공식적으로 멘토 역할을 해준 것에 깊은 감사의 마음을 갖고 있다. 나는 범죄과학 과정을 정식으로 밟지 않았는데, 만약 지금 범죄과학을 새로 시작하는 상황이었다면 분명 정식으로 전공하는 것을 고려해봤을 것이다. 요즘에는 범죄과학 과정을 밟기가 점점 쉬워지고 있기 때문이다. 뒤늦게 범죄과학 분야에 재미를 느껴 직업을 바꾸기는 했지만, 정식 훈련을 받았다면 그 과정이 더 쉬웠을 것이다. 하지만 운이 좋아서 소피처럼 경험이 많은 사람의 도움을 받았다. 소피는 내가 이 일을 하는 내내 나를 이끌어줬고, 많은 것을 가르쳐줬다. 소피가 경찰에서 일하면서 그리고 근래에는 민간 부분에서 일하면서 쌓은 폭넓은 경험은 내가 이 분야를 직업으로 삼는 데 값을 매길 수 없을 만큼 귀한 도움이 됐다. 여러 해 동안 일하면서 나는 소피가 수사하는 사건의 사망자에 관해 가벼운 말이나 불경스러운 말을 입에 담는 것을 한 번도 들어본 적이 없다. 소피는 언제나 자기가 중요한 일을 하고 있다는 감사함과 애정을 담은 말투로 이야기했다.

식당에서 탁자에 둘러앉아 살인사건과 부패한 시신 이야기를 하고 있으려니 조금은 이상했다. 이런 상황에서도 역시 약간의 배려와 분별이 필요하다. 우리는 목소리를 낮추고 완곡한 표현을 사용해 대화를 나누었고, 가끔씩 식당 안을 둘러보며 누가 우리 이야기를 엿듣지 않는지 확인했다. 갑자기 휴대전화가 울려 소피가 전화를 받았다. "네 …… 네 …… 그렇죠 …… 알았어요." 나는 그녀의 통화 내용에 귀를 기울이며 맛없는 마늘 버섯 요리를 먹었다. 마늘 버섯 요리를 이렇게 맛없게 만드는 것도 재주라면 재주다! 통화가 끝나자 소피가 걱정스러운 표정으로 말하기를, 이 사건을 담당하는 윗사람이 다음 날 아침에 우리를 만났으면 한다고 말했다. 호출이 떨어졌다. 우리는 아침에 경찰서로 가야 했다. 아무래도 우리가 내린 결론이 그들의 예상과 어긋난 것이 아닌가 싶었다. 이제 잠자리에 들 시간이었다. 아침에 맑은 정신으로 일어날 필요가 있었다.

잠잘 준비를 하면서 못 보고 지나친 것이 없는지, 혹시나 바보 같은 짓을 하지나 않았는지 초조한 마음으로 관찰하고 결론 내린 부분들을 복기했다. 눈을 감으니 어지러이 놓인 이파리, 죽은 나무줄기, 뼈의 이미지가 머릿속을 채웠다. 그리고 스르르 잠으로 빠져들었다.

아침에는 컨디션이 별로 좋지 않았다. 가까운 친구 한 명이 보면 쥐약 색깔이라 묘사했을 답답한 호텔 방에 있으니 컨디션이 좋아질 수도 없었다. 비틀거리면서 아래층으로 내려가 아침식사를 하고 몸이 받아들일 수 있는 한도 내에서 최대한 많은 커피를 들이부었다. 그리고 30분 후에 나와 소피는 경찰서 회의실로 들어갔다. 가구들이 닳고 색이 바래있었다. 텔레비전 범죄드라마에서는 영국 경찰서에서 풍기는 암울한 분위기를 최대로 살려보려고 애쓰는 것 같기는 한데 어림없는 일이다. 경찰서는 정말 별로인 장소다. 공공서비스나 치안의 질을 불평하는 사람들은 지역 경찰서에서 칫솔로 바닥을 닦으며 한 달 정도 강제노역 같은 것을 해봐야 한다. 나는 최근에 한 대도시의 큰 경찰서를 방문했는데 지은 지 얼마 지나지 않은 건물인데도 허물어진 흔적이 보였다. 지하실에는 방문객들에게 쥐가 먹을 것을 주지 말라는 표지판이 있었다. 그리고 나를 거기로 부른 사람은 툭 하면 엘리베이터 조명이 나간다고 경고했다.

살짝 냄새가 나는 의자에 앉아 회의가 시작되기를 기다리고 있는데 형사와 상급 경찰 몇 명이 들어와 앉았다. 분위기가 적대적이었다고는 못 하겠지만, 이 사람들은 회의에 참석해서 기쁘거나, 우리를 만나 반가워하지는 않았다. 소피가 조용히 내게 괜찮으냐고 물었다. 나는 "네"라고 대답했다. 사실이었다.

형사 중 한 명이 진득하게 나를 노려봤다. 50대 초반으로 보이는 그 사람은 분명 자기 일에 신물이 날 대로 나고, 머리 식힐 시간도 없을 정도로 경험이 많은 것 같았다. 그의 반감이 느껴졌다. 동성애 혐오 때문이 아니라고 확신할 수는 없었지만, 나는 전에도 이런 시선을 마주한 적이 있었다. 런던의 거리에서 동성애 혐오자와 인종차별주의자를 맞닥뜨린 적이 있었다. 그래서 별로 신경 쓰이지는 않았다. 그냥 조금 짜증이 날 뿐이었다. 회의가 시작되고 제일 고참인 경찰이 자신을 소개한 다음 나머지 사람들을 소개했다. 이어서 소피가 지금까지 진행된 조사를 요약하고, 시신이 여러 해

동안, 길게는 10년까지 그곳에 있었던 것 같다고 설명했다. 그리고 나를 돌아보며 내가 내린 결론을 설명해달라고 요청했다. 고참의 시선이 나에게로 넘어왔다. 그 고참은 소피에게 감사하다고 말한 후에 내게 설명을 청했다.

나는 무례하거나 공격적으로 보이지 않으면서 나를 확실하게 내세워야 할 시간이라는 판단을 내렸다. 소피가 싫은 소리를 듣게 만들고 싶지도 않았다. 이 사람들은 그녀와 알고 지내는 사람들이기 때문이다. 나는 판단을 실천에 옮겼다. 식물학에 대한 설명을 진행하기에 앞서 내가 책상머리에만 앉아있는 런던 상아탑 출신의 학자로 보일지는 모르겠지만 이 섬나라의 식물에 관해 상당한 경험을 갖고 있고, 현장 경험도 아주 많은 사람임을 밝혔다. 그들 전체를 향해 말했지만 사실 그 방에 들어온 몇몇 사람들, 특히나 계속해서 나를 노려보는 그 사람에게 메시지를 보내는 것이었다. 내 짧은 연설을 듣고 난 후에 그 고참이 미소를 지으며 솔직하게 말해줘서 고맙다고 말하고 보고를 이어가 달라고 청했다. 몇몇 형사들이 의자에 구부정하게 앉아 마지못해 내 말에 귀를 기울이기 시작했다. 나를 노려보던 그 사람도.

나는 내가 관찰한 부분은 아직 잠정적이라는 말로 시작했다. 최종 결론은 현장에 대한 조사와 기록을 마무리하고, 채취한 표본을 박물관으로 가져가 확인한 후에 나올 것이었다. 범죄과학을 시작하면서 결론을 입증하는 데 필요한 일을 모두 마쳤다는 확신이 들 때까지는 최종 결론을 내놓지 말아야 한다는 것을 배웠다. 이어서 시신을 둘러싸고 있는 식물이 자란 지 적어도 6년이고, 아마도 그보다 오래된 거라는 증거가 있다고 덧붙였다. 나무의 가지치기 패턴과 잎눈이 남긴 흉터를 잘 관찰하면 어린 묘목의 나이를 추정할 수 있음도 대략적으로 설명했다. 그리고 시신을 둘러싸고 있는 블랙베리덤불과 관련된 관찰 중 일부를 설명했다. 시신이 그곳에 있은 지 꽤 오래됐다는 증거다. 만약 시신이 근래에 그곳에 왔다면 식물들은 지금의 방식으로 성장하기가 불가능했을 것이다. 형사들이 조금씩 흥미를 보이고는 이상한 질문을 던지기 시작했다. 시신이 노지에 얼마나 오래 있었는지 판단하는 데 '꽃'이 도움이 된다는 사실에 정말로 놀라는 듯 보였다. 회의는 수사를 어떻게 진행할 것인지에 관한 주제로 옮겨갔다. 그 후에 소피와 나는 다시 현장으로 돌아왔다.

우리가 도착한 현장은 하루 사이에 난장판으로 변했다. 밤새 바람이 일어서 텐트 중 하나가 근처 철도의 울타리에 날아가 처박혀 있었다. 또 다른 텐트는 바닥에 완전히 주저앉아 있었다. 야간 근무를 선 경찰은 더 엉망이 되는 것을 어떻게든 막아보려고 했지만 바람이 워낙 강했다고 했다. 우리는 30분 정도 수색 고문들이 현장을 수습하는 것을 도왔다. 그러고 나서 현장을 기록하고 시신을 회수하는 일을 이어갔다.

먼저 소피와 나는 시신의 머리뼈를 그 주변을 둘러싼 식물에서 조심스럽게 빼냈다. 그리고 소피가 손상된 부분이 있는지 꼼꼼히 살폈다. 아름다운 머리뼈를 잡고 있는 것은 대단히 내밀한 경험이다. 나는 잠시 머리뼈를 들고 거기 붙은 식물에서 더 찾아낼 정보가 없나 살펴봤다. 표면에서 비와 햇빛을 향해 위로 자라난 녹조 **green algae**(고인 물에서 번식하는 녹색 해초의 총칭 –옮긴이)의 윤기 말고는 관찰할 것이 별로 없었다. 아이비 **ivy, *Hedera helix***(덩굴성 식물의 일종 –옮긴이)의 작은 줄기가 남긴 잔뿌리 몇 가닥과 작은 이끼 조각 두세 개 정도가 있었다. 머리뼈가 적어도 한 번의 식물 성장기 동안 그곳에 있었음을 확인해줄 뿐이었다. 우리는 더 많은 정보가 필요했다.

나는 조심스럽게 두개골을 소피에게 넘겼고, 소피는 그것을 조심스럽게 상자에 담아 뚜껑을 닫고 자기 노트와 박스 위에 기록했다. 그러고 나서 상자를 경찰차 안에 넣었다. 이어서 주변의 낙엽, 잔가지, 이끼를 천천히 걷어내자 시신의 척추, 갈비뼈, 위팔뼈가 드러났다. 바지 주머니, 허리밴드, 허리띠, 재킷, 셔츠의 소맷동, 칼라의 일부 조각은 남았지만 의복은 대부분 부식돼 있었다. 소지품도 추가로 발견했다. 모든 소지품을 기록하고 상자나 봉투 안에 넣었다. 성기게 둘러싸고 있는 식물을 제거하고 회수 가능한 개인 물품을 옮기는데 시신을 관통해서 자란 식물들이 방해가 됐다. 줄기 아래쪽과 뿌리는 최대한 많이 남겨놓고 싶은 마음이 간절했지만, 소피가 일을 하려면 위쪽 부분은 제거할 필요가 있었다. 나는 전지가위를 꺼내서 가지치기를 시작했다. 뼈 주위로 움직이며 이런 작업을 하고 있으려니 이상한 기분이 들었다. 어쩐지 조금 말이 안 되고 쓸데없는 일을 하는 기분이 들었다. 나는 식물 손질을 마무리 짓고 기록한 후에 소피가 시신을 회수할 때까지 기다렸다. 그러고 나면 나는 시신을 관통하거나, 그 위로 자란 식물의 뿌리와 아래쪽 줄기를 조사하고 제거하는 작업을 이어갈 수 있다. 내가 회수한 식물은 대부분 블랙베리덤불이었다. 나는 블랙베리덤불 각각의 추정 나이를 기록한 다음, 추가 조사를 위해 일부는 따로 보관했다.

이때가 오후 중반이었고, 우리는 현장에서 몇 시간째 땅바닥에 엎드려 작업을 한 상태였다. 전날처럼 춥지는 않고 진눈깨비도 멈춘 상태였지만 휴식이 필요했다. 소피와 나는 샌드위치와 초콜릿 바를 먹었다. 나중에 알게 된 사실인데 이 정도면 경찰 기준에서는 훌륭한 식사였다. 업무 중에는 끔찍한 식단으로 식사를 하는 경찰이 많다! 우리는 늦은 점심을 후딱 먹어치우고 점점 더 미끄러워지는 경사면을 내려가 다시 현장으로 향했다.

소피는 측정하고 기록하는 일을 이어가기 위해 현장을 가로질러 긴 줄자를 펴놓았다. 추가 조사는 모두 그 줄자를 이용해서 이뤄졌다. 큰 나무, 자동차 타이어 같은 잔해의 위치 그리고 당연한 이야기지만 그 남자의 뼈가 있던 위치 같은 현장의 주요 특성을 기록하고 축적 도면에 그렸다. 이것은 나중에 디지털 도면으로 옮겨 보고서에 사용할 것이다. 나는 나무의 나이를 정확하게 확인하고 싶었다. 그러기 위해서는 조사에 사용할 줄기 표본이 필요했기 때문에 어린 나무를 몇 개 잘라냈다. 작업은 해가 질 무렵에 마무리됐고, 나는 집으로 가기 위해 기차역으로 향했다. 일단 런던으로 돌아간 후에는 박물관에 들러 표본을 안전한 보관소에 놓아둬야 했다. 이 표본을 잃어버리거나 도둑맞고 싶은 생각은 추호도 없었다. 집으로 돌아오니 밤 열한 시. 곧장 침대로 향했다. 무릎이 욱신거렸다.

3장

# 법의식물학자로 살아간다는 것

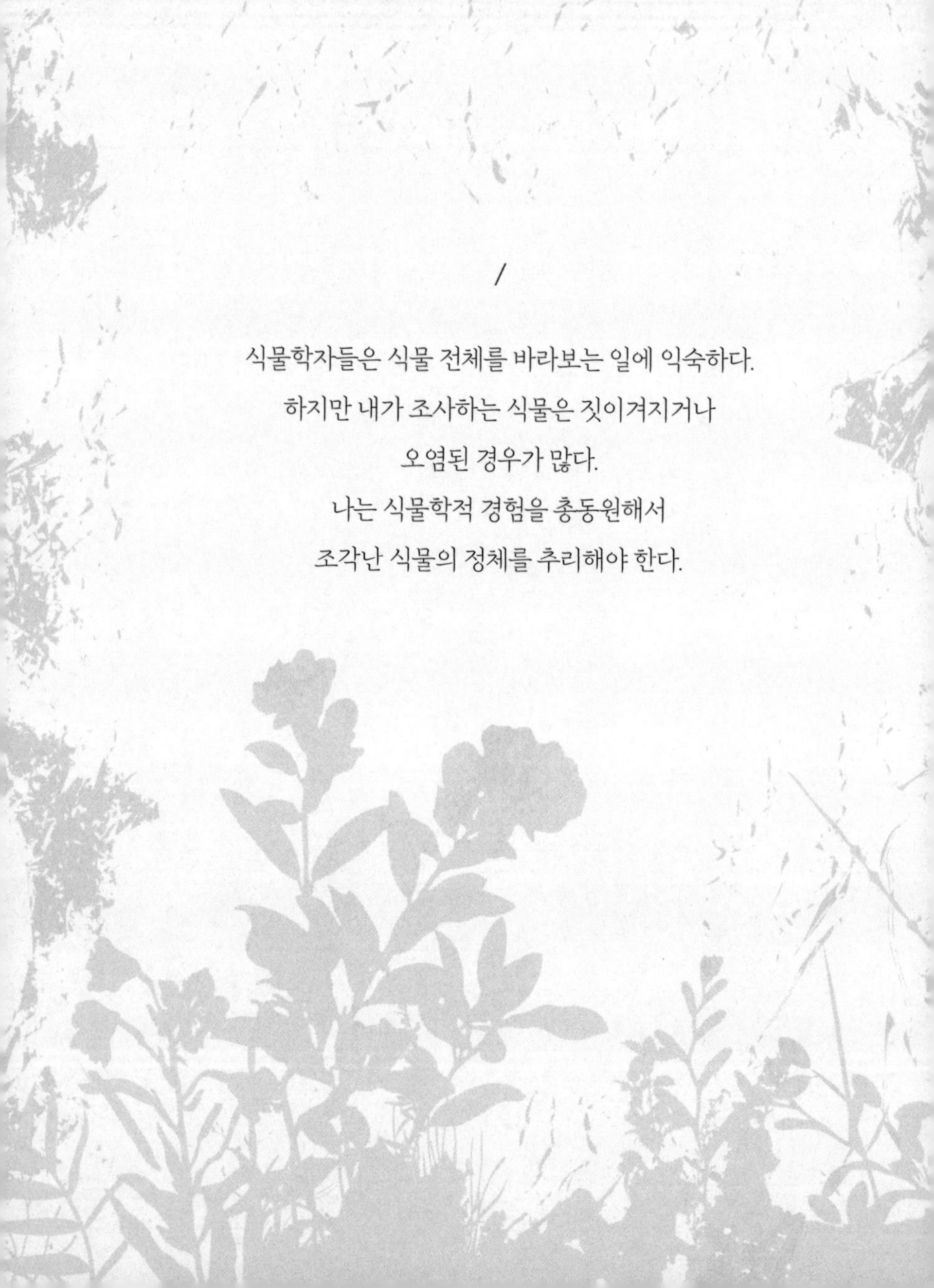

/

식물학자들은 식물 전체를 바라보는 일에 익숙하다.
하지만 내가 조사하는 식물은 짓이겨지거나
오염된 경우가 많다.
나는 식물학적 경험을 총동원해서
조각난 식물의 정체를 추리해야 한다.

죽은 사람과 함께 있는 것은 강렬한 경험이다. 가끔은 시신이 발견되자마자 범죄 현장으로 호출되기도 한다. 그 덕에 나는 사람이 마지막 순간에 남긴 것을 목격하게 된다. 수사 초기 단계에는 그 사람이 어떻게 죽었는지, 어쩌다 그 자리에 있게 됐는지 모를 때가 있다. 시신이야말로 그 사람에게 무슨 일이 닥쳤는지 말해주는 증거일 때가 많다. 나는 누워있는 자리에서 자살을 했거나, 반쯤 앉은 상태에서 자살한 사람의 시신을 본 적이 있다. 앉아있던 시신은 마지막 순간까지 세상을 바라봤던 것 같다. 어떤 시신은 계획대로 되지 않는 인생의 본질을 말해준다. 어딘가에서 떨어져 죽거나, 교통사고의 희생자가 된 사람들이 그 예다. 폭력에 희생된 사람들의 손상된 뼈와 잔인하게 훼손된 시신은 죽음으로 이어지던 순간의 정신상태를 압축한 것처럼 보일 때가 종종 있다. 강간 후에 살해당한 젊은 여자의 부패한 팔다리에서 느껴지던, 공포에 사로잡힌 긴장감이 아직도 생생하게 떠오른다. 그 여자의 시신은 한 배수로에 외로이 누워있었고, 바람에 불어온 가을 낙엽이 그 위를 덮고 있었다. 낙엽이 그 죽음의 마지막 존엄을 지켜준 것이다.

필연적으로 나는 이런 질문을 자주 받는다. "어떻게 적응하세

요?" 왜 이렇게 묻는지 이해할 만하다. 보통 별 문제가 없다. 나는 괜찮다. 내 경험을 부정하는 것이 아니다. 오히려 그 반대다. 사람들은 어떻게 범죄 현장에서 감정적으로 거리를 유지하는지 궁금하게 여길 때가 많다. 하지만 이 일을 하는 동안 나는 정반대로 한다. 희생자들과 거리를 두지 않는다. 그들이 정말 어떤 마음이었을지 결코 알 수는 없을 테지만 적극적으로 그들과 교감하려 한다. 나는 희생자 그리고 그 가족과 친구에게 신경을 많이 쓴다. 그러다 내 역할을 다하지 못하면 어떡하나 불안을 느끼지는 않는다. 실수 없이 일을 제대로 하는 데 필요한 감정은 따로 남겨놓는다. 가끔 수색에 참여할 때 누군가를 찾지 못하면 좌절하게 된다. 하지만 수사는 다양한 전문분야와 목격자 진술의 정확성에 크게 의존한다는 사실을 받아들여야 한다. 퍼즐 하나만 잘못돼 있어도 사람을 찾기가 아주 어려워질 수 있다. 어떤 지역을 지나가다가 내 시선이 닿는 어딘가에 희생자의 시신이 있다고 생각하면 아주 슬픈 기분이 든다. 나는 새로운 사건을 맡으면 인터넷으로 미리 조사해볼 때가 많다. 기자들이 보고하는 내용에 집중하기보다는 해당 지역의 환경과 식물을 조사한다. 내게 필요한 정보라서 그러기도 하지만, 그냥 인간적인 호기심일 때도 있다. 그렇다고 나는 고속도로 자동차 충돌사고를 얼빠진 듯 바라보는 유형의 사람은 절대 아니다. 사건에 관해 최대한 많이 알아두면 정말 도움이 된다.

나는 부패한 살과 뼈를 보며 공포를 느끼지 않는다. 공포는 범인의 마음속에 자리 잡고 있다. 그들은 분명 밤잠을 설치며 머릿속으로 자신이 저질렀던 일을 다시 떠올릴 것이다. 죽은 자의 몸은 대단히 아름답고 복잡하다. 역설적이게도 시신은 생명의 중심이 된다. 부패의 생물학적인 과정은 믿기 어려울 정도로 정교해서 여러 가지 범죄과학 연구 방안을 제공한다. 나도 내가 이런 일을 하면서 언제까지나 아무 문제가 없을 것이라 믿을 정도로 무모한 사람은 아니다. 조만간 나도 감당하기 어렵다고 느낄 가능성이 크다. 하지만 내가 하는 일은 그럴 만한 가치가 있다. 죽은 사람의 억울함을 풀어주고, 살아남은 사람들에게 조금이나마 마음의 평화를 안겨주기 위해 최선을 다하는 사람들과 한 팀으로 일하는 것은 명예로운 일이다. 지금까지 이 일을 하면서 감정적으로 동요하고 흔들린 적도 있다. 한 희생자가 가족 중 한 명과 놀라울 정도로 얼굴이 닮았던 것이다. 대단히 심란한 경험이었다.

일에서 벗어나 한숨을 돌릴 기회가 있다는 것도 정말 다행이다. 이 일을 파트타임으로만 하고 있기 때문이다. 오래전부터 풀타임으로 이 일을 하는 사람들과 가까이 있으면서 느끼는 것들이 있다. 어떤 사람은 일을 하면서 생긴 마음의 상처를 치료하지 못하고 있다. 몇몇 사람은 사회가 자신의 일을 제대로 평가해주지 않는다고 굉장히 화가 나 있다. 이것은 육체적으로나 정신적으로 굉장히 힘든 일이다. 이 일을 시작했을 때 내 친구와 가족 일부는 펄쩍 뛰었다. 내가 담당한 사건 이야기를 듣고 싶어하지도 않았다. 초기에는 내 파트너도 일 때문에 내가 감정적으로 동요하지나 않을까 굉장히 걱정했다. 범죄자들에게 노출되고 혹시나 해를 입지 않을까 두려워하기도 했다. 내가 용의자의 표적이 되는 상상을 했던 것이다. 그럴 가능성이 없지는 않다. 하지만 그보다는 독버섯을 먹고 죽을 확률이 더 높지 않을까 싶다(나는 먹을 것을 열심히 찾아다니는 사람이다).

◡◡◡◡◡

법의식물학자들이 스멀스멀 기어 올라오는 불안을 집단적으로 느끼는 것은 사실이지만, 실제로 해를 입을 가능성은 아주 낮다. 유럽은 살인범죄율이 낮은 편이다. 매년 의도적 살해를 당하는 경우가 10만 명당 3명꼴에 불과하다. 그에 반해 아프리카와 남북아메리카의 살인범죄율은 10만 명당 12.5명과 16.5명꼴이다. 유럽 안에서도 영국의 살인범죄율은 낮은 편에 속한다. 2016년에는 모두 571건의 살인사건이 일어났다(10만 명당 약 0.9명). 근래 들어 영국에서 폭력범죄가 늘기는 했지만 21세기 초반과 비교하면 전체적인 수준은 낮다. 2001~2002년에는 891건의 살인사건이 벌어졌다(10만 명당 약 1.5명). 당연한 이야기지만 범죄율이 감소하다가 근래 들어 올라간 이유에 관해 학계나 언론, 정치인 사이에서 논쟁이 뜨겁다.

내가 이런 대략적인 수치를 언급하는 이유는 우리가 아주 안전한 사회에서 살고 있다는 점을 강조하려는 것도 있지만, 내 일의 조금 이상한 측면을 소개하려는 뜻도 있다. 대부분의 사람은 연차 휴가를 아이들의 방학이나 공휴일, 상사의 행동을 더는 견디기 힘들어지는 시기를 중심으로 짜는 경향이 있다. 나는 보통 일이 제일 많이 몰리는 시기를 피해서 휴가 일정을 짠다. 보통 10월부터 3월까지가 바쁜 시기다. 내가 아는 바로는 이 시기 동안에 범죄가 특별히 증가하지는 않는다. 한겨울 연말연시에 절도범죄가 빈번하다는 것은 누구나 아는 내용이다. 하지만 명절 식탁에서 방울양배추가 빠지는 계절 이후로 살인범죄가 늘어난다는 그 어떤 증거도 확인된 적은 없다. 그렇다면 나는 왜 하필 그 시기에 바빠지는 것일까?

내가 하필 1년 중 가장 습하고 추운 계절에 야외 작업을 자주 하게 되는 이유는, 나무에 이파리가 달리지 않는 시기라서 그런 것 같다. 기본적으로 나뭇가지가 헐벗어야 사람들이 시신을 더 쉽게 알아볼 수 있다. 인간은 시각적인 동물이다. 후각도 나쁘지는 않지만 다른 동물에 비하면 대단히 열등한 편이다. 개와 산책을 하다가 시신을 발견했다는 사람들도 많다. 개가 시신의 존재를 알려주는 것이다. 월등한 후각 덕분에 개는 사람보다 시신을 훨씬 쉽게 찾아낸다. 그리고 목줄을 풀어주면 특정 냄새를 찾아가는 성향이 있다. 나무와 덤불에 이파리가 잔뜩 달렸을 때는 개가 덤불로 뛰어들어도 무엇 때문에 흥분했는지 주인이 알아볼 가능성이 낮다. 하지만 이파리가 떨어지고 나면 코가 못한 역할을 눈이 대신하기 때문에 시신이 발견된다. 이 가정을 증명할 증거는 없지만 내가 다른 계절보다 유독 이 시기에 사체유기 현장으로 호출되는 경우가 많은 이유를 설명할 다른 합리적인 근거도 없다.

◡◡◡◡◡

내가 어쩌다 식물과 사랑에 빠지게 됐는지는 기억나지 않는다. 아니, 사랑에 빠진 것이 아니라 그렇게 태어났다. 어머니가 기억하기로는 나는 원래 식물이 있으면 반응을 보였다고 한다. 나는 6월

초에 태어났다. 내가 아직 제대로 움직이지 못하던 1968년 여름에 어머니가 선견지명이 있었는지 내가 탄 유모차를 늘어진 구주물푸레나무 아래 정원에 놓아두셨다. 그럼 나는 만족스러운 듯 구주물푸레나무 나뭇가지와 하늘을 물끄러미 바라보며 몇 시간이고 그곳에서 어머니를 기다렸다고 한다. 물푸레나무 중 무려 95퍼센트가 침입종 균류로 곧 사라질 것이라는 전망에 그토록 고통스러워한 이유도 어쩌면 그때의 경험 때문인지 모르겠다.

어머니 말로는 기어 다니기 시작해서도 나는 순둥이 중에 순둥이였다고 한다. 그저 루핀, 참제비고깔, 붓꽃, 장미 등이 가득한 할머니네 꽃밭 앞 잔디에 데려다놓기만 하면 몇 시간이고 앉아서 물끄러미 꽃을 구경했다고 한다. 어머니는 그 모습을 보고 걱정을 해야 했는지도 모른다. 기억이 나지 않지만 만 세 살 정도였을 때, 나는 이웃에 살던 사랑스러운 엘시 아주머니에게 큰 고통을 안겼다. 가위 하나와 바구니를 찾아내 아주머니네 정원에 있는 장미꽃을 모두 따버린 것이다. 설상가상으로 아직 피어나지 않은 꽃봉오리까지도 줄기만 남기고 싹 다 잘라버렸다. 그러고 나서는 그 비운의 꽃들을 바구니에 가지런하게 담은 다음, 엘시 아주머니네 문을 두드린 후 꽃을 받고 기뻐하실 아주머니를 기다렸다. 어머니 말로는 엘시 아주머니가 대단한 인내심을 보였다고 한다. 아주머니는 꽃

바구니를 받은 후 이제는 초록색밖에 남지 않은 꽃밭으로 나를 데려가서 장미꽃을 딸 때는 어떻게 잘라야 하는지 설명하고, 이런 일은 꼭 어른과 같이 해야 한다고 덧붙였다. 물론 아주머니는 그 후에 집 안으로 들어가 남편 데니스 아저씨를 앞에 앉혀놓고 꽤나 험한 말로 분통을 터트렸을 거다. 아주머니는 나를 용서한 것이 분명했다. 어린 시절 기억 중에 데니스 아저씨가 정원에서 기른 완두콩을 따다가 문간에 앉아 아주머니와 함께 껍질을 깠던 장면이 있는 것을 보면 말이다. 그 완두콩은 대부분 내 입으로 들어갔다.

내가 제대로 기억하는 첫 번째 식물은 어릴 때 살던 집 바깥 계단에 있던 히아신스 구근 하나다. 수십 년이 지났지만 아직도 그 구근이 있던 정확한 위치를 말할 수 있다. 종이처럼 얇고 진주광택이 나는 그 붉은 보라색 기운의 구근 껍질에 매료됐던 것을 기억한다. 나는 본능적으로 그것을 집어 들고 어머니의 장미꽃밭으로 향했다. 어머니의 장미꽃밭은 내가 범죄를 저지른 엘시 아주머니네 장미꽃밭의 위치와 정반대였다. 나는 손으로 흙에 얕은 구덩이를 판 후에 가느다란 위쪽이 하늘을 향하도록 구덩이 안에 구근을 내려놓은 후, 아래쪽을 흙으로 덮고 다져줬다. 나는 황홀감에 젖어들었다. 그 구근을 물끄러미 바라보며 무언가 일어나기를 기다렸다. 누구도 내게 이것을 어떻게 하는지 말해준 적이 없었다. 그래도 어쩐 일인지 나는 그냥 알고 있었다. 구근 심기는 나만의 소중하고 은밀한 기쁨이었다. 그 후로 1~2주 동안 조용히 히아신스가 자라기 시작하는 것을 지켜봤다. 새로 돋아나는 이파리의 매끄럽고 풍부한 초록색이 나를 사로잡았다. 그리고 마침내 초록색 이파리 안에서 꽃봉오리가 올라올 첫 조짐이 보이자, 점점 인내심을 잃고 초조해졌다. 어느 날 아침 완전히 만개한 꽃을 볼 거라는 기대감에 밖으로 뛰쳐나갔다. 하지만 그곳엔 아무것도 없었다. 구근은 사라지고 얕은 구덩이만 있었다. 내 마음은 고통으로 찢어졌고, 대체 무슨 일이 일어난 것인지 알아야 했다. 내가 다그쳐 묻자 어머니가 꽃밭에서 잡초를 뽑다가 그 구근이 얼마나 중요한지 모르고 파내 버렸다고 고백했다. 나는 머리끝까지 화가 났고, 너무도 큰 상실감에 괴로웠다. 어머니는 미안한 마음에 집 정문 아래쪽에 작은 땅을 떼어주겠다고 했다. 나는 그 제안을 받아들였다. 처음으로 나만의 정원을 갖게 된 것이다. 그곳에서 라벤더, 무, 천수국을 키웠다.

나는 지금 그저 재미로 어린 시절의 이야기를 꺼내는 것이 아니다. 식물에 대한 오랜 열정 덕분에 많은 정보를 흡수했음을 말하려는 것이다. 대부분은 식물과 꽃을 기쁨을 주는 존재로만 인식할 뿐, 인간의 어두운 측면과 연관 지어 생각하지 않는다. 식물이 우리 삶에 항상 존재하고 있음에도 대부분이 그 존재를 알아차리지 못하기 때문이 아닐까. 보통 아침에 일어나 커튼을 열 때 자연에서 제일 먼저 눈에 들어오는 요소는 바로 식물이다. 그런데도 우리는 식물을 인식하지 못한다. 이런 식물맹plant blindness은 아마도 몇 가지 요인 때문에 생겨났을 것이다. 첫째, 식물의 움직임은 우리와 다르다. 식물은 동물과 비슷한 방식으로 뛰어오르지도, 걷지도, 날지도, 헤엄치지도 않는다. 식물도 움직이기는 한다. 때로는 아주 빨리 움직인다. 다만 우리가 눈치채지 못할 뿐이다.

인간은 복잡한 소통능력을 지닌 동물이다. 안타깝게도 인간은 다른 생물, 특히 식물의 소통능력과 인지능력을 과소평가하는 경향이 있다. 하지만 식물들도 소통할 수 있고, 또 대단히 자주 소통한다. 우리의 선입견 때문에 과학자들은 최근에 들어서야 식물의 소통을 진지하게 연구하기 시작했다. 인간은 시각적 소통에 크게 의존하는 존재이기 때문에, 생명체의 생김새가 자기와 닮지 않으면 친숙함도 떨어진다. 그래서 사람들 대부분의 심리환경에서 식물은 아주 낮은 위치를 차지한다. 셋째, 우리의 식물맹은 깊은 진화적 뿌리를 갖고 있는지도 모른다. 선조들은 농업을 발전시켜 정착 생활을 하기 전에 한쪽 눈으로는 덩치 큰 포식자들을 감시하고, 다른 한쪽 눈으로는 저녁 식사로 잡아먹을 만한 작은 동물을 찾아다녔다. 물론 식물도 삶의 일부였지만 식물에 집중하지는 않았다.

유럽, 북아프리카, 중동의 구석기시대와 신석기시대 초기의 미술을 살펴보자. 이 시기에는 다양한 동굴벽화, 토기, 조각이 만들어졌는데 그 안에는 인간과 동물이 모호함 없이 명확하게 예술적으로 표현되어 있다. 하지만 확실하게 식물을 묘사했구나 싶은 그림을 나는 딱 한 점밖에 못 봤다. 다만 호주의 원주민 문화에서 주목할 만한 예외를 찾아볼 수 있다. 적어도 4만 년 전으로 거슬러 올라가면 식물에 대한 이들의 독특한 묘사를 엿볼 수 있다.

뜬금없이 선사시대 이야기를 꺼낸 이유는 인류가 원래 식물맹의 성향이 있음을 보여주려는 것이다. 그로 인해 인류는 식물의 가치와 잠재력을 제대로 이해하지 못하게 됐다. 학교에서는 식물이 산소를 만들어내며, 그 산소가 없다면 우리는 죽었을 거라고 가르친다. 그리고 인류가 스무 가지 정도의 작물에 의지해서 생존하고 있음을 가르치기도 한다. 아이들은 꽃이 어떤 부분으로 구성되어 있는지 의무적으로 공부한 후에 더 재미있는 내용으로 옮겨가기도 한다. 하지만 대부분의 삶에서 식물은 하루 식단에서 적어도 다섯 종류의 채소를 섭취해야 한다는 권장사항이나, 텔레비전 스크린에 누렇게 뜬 유카**yucca, *Yucca gloriosa***(용설란과의 여러해살이 나무 -옮긴이)의 모습 정도로만 머릿속에 남아있다. 그저 일부 사람들만 운이 좋아 아마추어 원예 활동이나 자연사에 대한 관심을 통해 식물의 세계에 발을 들인다. 식물을 무시함으로써 사회는 큰 위험을 감수하게 된다. 식물의 가치는 식탁에 올리는 채소에서 그치지 않기 때문이다. 예를 들어 병원에 입원했을 때 식물을 보게 해주면 회복 시간이 단축되고, 야외로 나가서 운동을 하게 해주면 정신건강 개선에 중요한 역할을 한다는 것이 여러 연구를 통해 입증됐다. 과학이 자연 탐험을 이어가면서 식물 그리고 무척추동물, 균류, 세균 등 그동안 간과한 다른 생명체가 인류가 직면한 도전과제를 해결할 도구를 제공하고, 삶을 풍요롭게 한다는 것이 점점 더 자세히 밝혀지고 있다.

이상한 말이지만, 범죄과학은 사실 과학이 아니다. 과학 지식을 범죄가 어떻게 일어났는지 이해하는 일에 적용하는 응용학문이다. 범죄과학은 아주 폭넓은 영역에서 추출한 정보와 기술의 종합체다. 잠재적으로 인류와 접촉하는 것은 무엇이든 범죄과학에 사용할 수 있다. 범죄과학의 폭넓은 사용을 제한하는 요인은 두 가지다. 첫째는 지식의 결여다. 무언가를 이해할 수 없다면(예를 들면 그것의 작동방식이나 구성요소) 그것이 범죄 현장과 잠재적으로 어떤 관련성이 있는지 정의할 수 없게 된다. 사람들은 기초연구**primary research** 또는 블루스카이 연구**blue sky research**(분명한 목적이 없는 연구 또는 순수한 호기심이나 아이디어에서 비롯된 기초연구 -옮긴이)

가 정말로 필요한지 의문을 표시할 때가 많다. 많은 사람이 이런 연구는 너무 추상적이라서 현대에서 활용하기에 적절치 않다고 여긴다. 하지만 중요한 과학적 및 경제적 발전은 소수만 관심을 쏟는 연구 덕분에 이뤄지는 경우가 많다. 예를 들어 1980년대부터는 다양한 과학자들이 나노구조 그래핀graphene(서로 연결된 원자들이 평면을 이뤄 존재하는 탄소의 한 형태)을 연구해서 만들어내는 기술을 개발했다. 그 결과 의학, 전자공학, 에너지 저장, 오염 관리 등 여러 측면에서 혁명이 일어났다. 그레고어 멘델Gregor Mendel은 완두콩pea, *Lathyrus oleraceus*의 특성 유전에 대한 실험을 하면서도 자신의 연구가 이후에 어떤 영향을 미칠지는 까맣게 몰랐다. 멘델의 연구는 진화론에 새로운 활력을 불어넣고, 유전학과 DNA 연구를 출발시켰다.

범죄과학에 사용되는 과학 중에는 '어떻게?' 또는 '무엇이?'에 대해 고민하던 한 명의 과학자에서 시작된 경우가 많다. 블루스카이 연구를 막는 것은 범죄과학을 비롯해서 인간 생활의 모든 측면을 개선해줄지 모를 기회를 닫아버리는 것이나 마찬가지다. 인류는 리오 베이클랜드Leo Baekeland가 1907년에 플라스틱의 일종인 베이클라이트Bakelite를 발명한 이후로 필요에 따라 플라스틱을 변형할 수 있게 됐다. 그중 많은 합성 플라스틱이 천이나 섬유성 구조를 필요로 하는 다른 물질의 생산에서 중요한 자리를 차지하고 있다. 인공심유는 수사에도 유용하게 사용된다. 모두 인공섬유의 다양성, 구조, 내구성, 잔존율에 대한 자세한 연구가 이뤄지지 않았다면 불가능했을 일이다. 범죄과학이 힘을 얻으려면 범죄과학 외의 과학계에서 밝혀낸 지식이 필요하다.

두 번째 요인도 비슷하다. 새로운 과학 기법을 연구하고, 그 적용 가능성을 실험하고, 형사사법체계에 사용할 수 있도록 준비하는 데 필요한 적절한 재정지원 없이는 효율적인 범죄과학 도구가 새롭게 개발되지 않을 것이다. 과학적 혁신과 범죄과학 발전을 위한 재정적 뒷받침이 없다면 사법체계를 향한 위협을 계속 감수할 수밖에 없다. 네덜란드의 경우 국가의 자금 지원을 받는 네덜란드범죄과학연구소Netherlands Forensic Institute에서 빅데이터big data, 사이버범죄과학cyber-forensics, 법의학forensic medicine, 범죄 현장 수사를 위한 새로운 접근 방법 등 다양한 분야에 관한 연구를 진행한다. 영국의 경우 몇몇 대학교에서 정부 자금을 지원받는 자체 연구 프로그램을 운영하고는 있지만 네덜란드의 범죄과학연구소에 해당하는 기관은 없다. 더군다나 범죄과학에 대한 이런 혁신적인 접근방식을 사용하려면 경찰과 관련된 인력과 기술을 갖추고 있어야 한다.

사람들은 법의식물학자 되기가 어려운지 알고 싶어한다. 내가 아는 한 이 세상에 법의식물학 관련 자격증을 발급하는 곳은 없다. 능력 있는 법의식물학자로 보이고 싶으면 적어도 식물학 학사학위 정도는 갖고 있어야 할 것이다. 슬프게도 영국에서는 식물학 전공 과정이 개설된 대학을 찾기가 점점 더 힘들어지고 있다. 식물학 현장 경험도 정말 많아야 한다. 야생의 식물을 구경하며 돌아다닌 경험이 많아야 한다는 의미다.

내 식물 지식은 평생 식물을 관찰하면서 그리고 대학교와 런던 자연사박물관에 다니면서 차츰차츰 쌓였다. 법의식물학자가 되어서는 배운 지식을 새로 공부해서 적용해야 했다. 나는 스스로를 천재라 생각해본 적이 한 번도 없고, 지금도 그 생각은 변함없다. 그래도 제법 똑똑한 편이라 생각한다. 논란이 없지 않지만 자주 인용되는 말이 있다. 한 분야의 전문가가 되려면 1만 시간의 훈련이 필요하다는 말이다. 이 말에 일말의 진실이 담겼는지도 모른다. 자신의 당면 과제와 관련된 다양한 정보를 유연하게 다루려면 당연히 그만큼의 시간을 투여해야 한다. 나는 식물을 관찰하고 연구한 지 45년이 넘어간다. 내 머릿속에는 식물의 삶에 관한 많은 정보가 꽉 차 있다.

사춘기 전에는 다른 사람들도 나처럼 모두 식물에 미쳐있는 줄 알았다. 생각해보면 그때의 친구들은 정말 의리가 있었다. 일곱 살생일에 내 친구 크리스토퍼는 군말 없이 나를 따라 옥스퍼드대학 교식물원Oxford Botanic Garden에 함께 가줬다. 하지만 어린 시절의 목가적인 삶은 영원하지 못했다. 중학교 시절은 정말 끔찍했다. 행복한 아이던 나는 중학교에 들어가면서 불행한 아이가 되었다. 모범생이던 나는 바닥을 모르고 미끄러져 갔다. 졸업할 때는 무단결석 기록에서 전교 2등을 했다. 1등은 내 가까운 친구 중 하나가 차지했다. 만 열세 살이 되자 진로를 정해야 한다는 말을 들었고, 자기에게 맞는 직업이 무엇인지에 관한 평가를 받았다. 나에게는 보험 판매원이 제격이라던가. 학교는 식물에 관한 나의 관심을 받아들여줄 능력이 없었다. 심지어 내가 라틴어와 식물학을 독학으로 공부해서 평가시험을 준비하겠다고 자원했지만 선생들은 무시로 일관했다. 나는 열 살부터 식물학 관련 대학 교재를 읽었지만 선생들은 그런 사실을 알지도 못했고, 관심도 없었다.

어느 해에 학교에서 지리학 현장학습을 갔다. 하늘을 떠다니는 듯 황홀한 기분을 느꼈다. 내가 지리학 선생에게 완전히 반했기 때문이다. 그 남자 선생은 멋진 다리와 사랑스러운 녹갈색 눈동자를 가지고 있었다. 어느 날 우리는 도브데일 위쪽의 고지대를 걸었는데 내가 쌍잎난초twayblade, *Neottia ovata*를 찾아냈다(twayblade라는 영어 이름은 녹색 이파리가 쌍으로 있는 것을 지칭한다). 초록색

외계인을 닮은 작은 초록색 꽃이 피며 사랑스럽고 얌전해 보이는 난초다. 지리학 선생이 뭘 보느냐고 물었다. 나는 아주 멋지고 사랑스러운 난초라고 설명했고, 선생은 성심성의껏 반응하며 언제 꽃을 피우는지 물어봤다. 나는 이미 꽃을 피웠다고 말했다. 선생은 놀란 모습으로 앞을 응시하다가 꽃이 참 딱하게 생겼다고 말하고는 일어나서 걸어갔다. 그렇게 선생과 친해질 기회를 날렸다! 다행히도 나에게는 외계인을 닮은 작은 쌍잎난초에 마음을 빼앗기는 즐거움이 남았다. 나는 아직도 이 꽃을 보면 마음을 뺏긴다. 이들의 쌍을 이룬 윤기 나는 이파리를 보면 어딘가에서 아직도 식물이 나에게 상을 주려고 기다릴 거라는 생각이 든다.

난초는 경이롭고 복잡한 식물이다. 특히 아주 이상한 꽃가루를 갖고 있다. 대부분의 난초 꽃가루는 화분괴pollinia라는 덩어리 구조물로 뭉쳐서 다른 식물에서 보이는 먼지 비슷한 꽃가루와 다르게 생겼다. 난초는 꽃가루받이pollination(식물 수술의 화분이 암술머리에 붙는 일 –옮긴이)를 해주는 곤충과 아주 밀접한 생태적 유대관계를 맺는다. 적합한 곤충이 있어야 꽃가루받이가 이루어지고 씨가 만들어지는 경우가 많다. 이런 상관관계와 화분괴라는 특성 때문에 난초의 꽃가루가 난초나 곤충 말고 다른 곳에서는 발견되는 경우는 굉장히 드물다. 용의자나 범죄 현장에서 난초의 꽃가루가 발견될 일은 거의 없다. 꽃가루는 많은 범죄 현장 드라마에서 이야기의 일부로 등장할 때가 많은데 이 주제에 관해서는 뒤에서 다시 다루겠다.

식물학 지식을 범죄과학에 적용할 때 가장 어려운 점 중 하나는 관찰 기술을 어떻게 이 분야에 맞출 것인가 하는 부분이다. 나는 이제 예전이라면 생각해보지도 않을 방식으로 식물을 바라본다. 일반적으로 식물학자들은 식물 전체를 바라보는 일에 익숙하다. 또는 식물의 일부를 바라보는 경우라 해도 나무에서 꽃이 핀 가지나 씨앗을 보는 등 비교적 온전한 상태에서 관찰하는 것이 정상이다. 하지만 범죄과학 세계에서는 그렇지 않다. 현장에서 수집된 증거는 조각난 단편인 경우가 많아 식물을 식별할 수 있는 이상적인 상태와는 거리가 멀다. 내가 조사하는 대상은 보통 진흙이 묻고, 신발이나 자동차 바퀴에 밟혀 짓이겨진 경우가 많다. 때로는 부패하는 사람의 조직에 오랫동안 붙어있다 보니 심하게 오염되거나, 오랜 기간 비바람에 노출된 경우도 있다. 나는 기억 속에 새겨진 방대한 식물학적 경험을 총동원해서 이 조각난 식물의 정체를 추리해야 한다.

나는 어린 시절을 워릭셔의 우리 집과 콘월에 있는 할아버지네 집 주변의 식물과 시골 지역을 탐험하면서 보냈다. 탐험은 이 나라의 풍경이 시간의 흐름 속에 어떤 변화를 거쳐 오늘날의 모습으로 자리 잡았는지 이해하는 데 도움을 줬다. 어느 날에는 어머니와 저지대에서 블랙베리열매를 따다가 땅의 기복이 이상하다는 것을 알아차렸다. 나중에 이 기복의 원인을 알게 됐다. 옛날에 색슨족이 농사를 지으며 만든 이랑과 고랑이 유적으로 남은 것이었다. 이 지형이 매력적인 기복을 보여줄 뿐 아니라 부드러운 경사를 가진 덕분에 다양한 야생식물이 자랄 생태적 틈새가 만들어졌다. 슬프게도 지금은 그 유적들이 거의 파괴되고 말았다. 처음에는 경작할 작물을 심기 위해 쟁기질을 하느라, 그다음에는 도로를 건설하면서 파괴됐다. 아마 노련한 식물학자라면 습한 경사면의 바닥 쪽에서 기는미나리아재비 creeping buttercup, *Ranunculus repens*를 발견했을 텐데. 그리고 흙이 조금 건조한 쪽에서는 애기미나리아재비 meadow buttercup, *R. acris*가 우세함을 봤을 것이다. 가장 건조한 이랑 정상 부분에서는 구근상미나리아재비 bulbous buttercup, *R. bulbosus*를 발견했겠지. 구근상미나리아재비는 구근이 수분과 영양을 저장해뒀다가 뜨거운 여름에 줄기와 잎에 제공하는 식물이다.

야생식물과 정원의 재배식물이 살아가는 모습을 관찰하면서 보낸 어린 시절은 관찰 기술을 다듬는 데 도움을 줬다. 어릴 때 식물의 학명을 읽으면서 매력을 느꼈던 것이 아직도 기억난다. 학명 속에는 어떤 마법이 담긴 듯 보였다. 일곱 살 무렵에는 원예 관련 서적과 야생 들꽃 책을 읽으며 그 이름을 빨아들였다. 더 커서는 많은 주변 사람처럼 예쁜 식물 그림들이 담긴 윌리엄 키블 마틴William Keeble Martin의 《영국 식물 사전New Concise British Flora》을 뒤지며 새로운 단어나 몰랐던 지식을 발견했다. 사우스이스트잉글랜드의 소택지와 습지에 사는 희귀한 식물인 쇠박새방가지똥marsh sow-thistle, *Sonchus palustris*의 그림이 특히나 인상적이었다. 거의 35년이 지나서야 이 식물을 야생에서 접했는데, 이 식물에 관해 느꼈던 사랑이 새로워지는 순간이었다.

# 4장

# 블랙베리덤불은 시체를 먹고 자란다

/

일부 블랙베리덤불은
범죄가 저질러지는 곳에 흔하다.
이 덤불은 영양분을 크게 탐하는 종이고,
인간이 공급하는 영양분은
이 덤불의 입맛에 잘 맞는 것들이다.

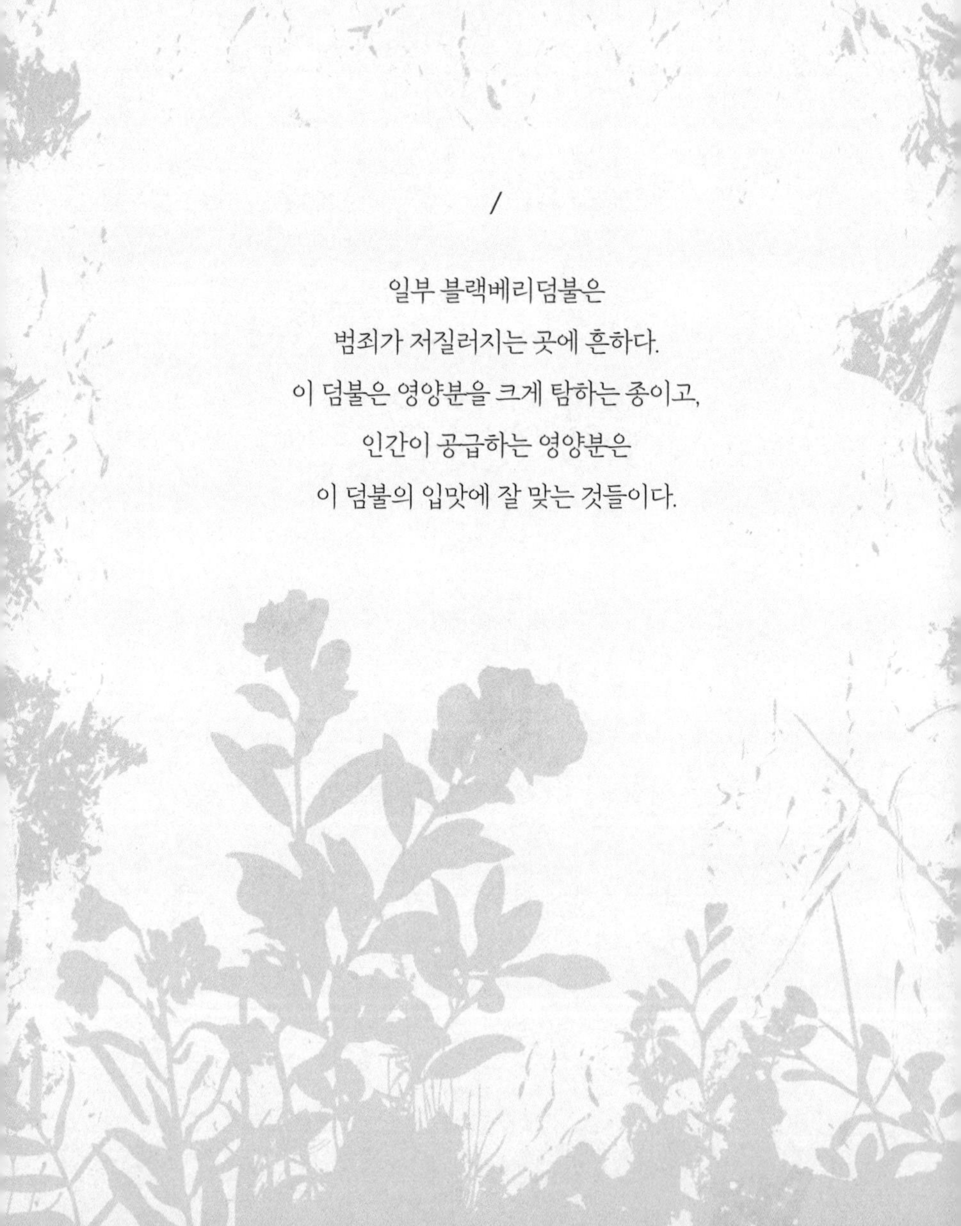

가을이면 많은 사람이 숲속 산책을 즐긴다. 서서히 약해지는 햇살과 갓 떨어진 낙엽에서 풍겨오는 가을 향기에서 즐거움을 찾는다. 이때 안개에 휩싸인 숲의 아름다움을 넋 놓고 바라보며 걷다가 발이 블랙베리덤불에 걸려 넘어질 때가 많다. 그럼 욕을 하며 짜증 나는 줄기를 산책길에서 걷어내고 난 뒤에 집으로 돌아온다. 많은 경우 블랙베리덤불과 맺는 관계는 이 정도 선에서 끝난다. 일부 사람은 블랙베리열매를 따서 바로 먹거나, 파이나 잼을 즐겨 만들어 먹지만 딱 거기까지다.

영어에서 싫어하는 것은 '블랙베리덤불bramble'이라고 부르고, 즐거움을 주는 것은 '블랙베리열매blackberry'라고 부르는 것은 참 이상한 일이다. 나는 나무딸기속학자batologist만큼은 아니지만 블랙베리덤불을 좋아하는 편이다. 나무딸기속학자에 관해서는 뒤에서 곧 다시 이야기를 하겠다. 나는 블랙베리덤불을 왜 좋아할까? 우선 식물학자이니만큼 모든 식물에 애정이 있고 심하게 교잡시켜 만들어낸 원예식물 변종에는 조금 냉담해지는 것이 사실이지만, 사랑할 수 없는 야생식물은 도저히 생각할 수 없기 때문이다.

다시 블랙베리덤불로 돌아오자. 시골에서 이 나무는 생태적으로 중요한 역할을 맡는다. 꽃이 필 때는 수많은 무척추동물에게 꿀과 꽃가루를 제공한다. 뿌리, 줄기, 이파리는 사슴 같은 다양한 포유류뿐만 아니라 더 많은 동물의 먹이가 되어준다. 야생 멧돼지도 마찬가지다. 어린 새싹과 뿌리를 좋아하기 때문에 주둥이로 주변 흙을 파헤치고 뒤집어놓는다. 그리고 그 과정에서 다른 야생생물을 위한 새로운 서식지가 만들어진다.

더 나아가 블랙베리덤불은 다양한 전문종specialist(특정 먹이만 섭취하는 종 -옮긴이) 균류의 집이 되어준다. 나는 균류를 특히 좋아한다. 지금까지는 현장에서 균류를 가지고 작업할 기회가 없었다. 그저 현장에서 균류의 자실체fruiting body(포자를 만드는 영양체 -옮긴이)를 보면서 어떻게 써먹을까 생각해보는 것으로 만족해야 했다. 하지만 호기심은 양날의 검이다. 흥미롭기는 해도 결국에는 생산적인 결과를 내놓지 못할 생각이면 수사에 필요한 에너지를 낭비할 수 있다. 내가 딴생각에 빠지면 소피는 이렇게 말하며 나를 현실로 돌아오게 만든다. "한눈팔지 말고 집중해요, 스펜서!" 물론 호기심이 많은 것이 대단히 생산적일 수도 있다. 경찰에서 생각해보지 못한 방식으로 사건을 바라보게 해주기 때문이다. 식물학과 관련해서는 특히나 그렇다. 대부분의 수사관은 사건을 식물학적인 측면에서 바라보지 못한다.

블랙베리덤불에서 자라는 균류 중 좀 흔하고 쉽게 보이는 것은 보라색블랙베리덤불녹병균violet bramble rust, *Phragmidium violaceum*이다. 이 곰팡이는 절대활물기생균obligate biotroph이다. 살아있는 블랙베리덤불 없이는 복잡한 자신의 생활사를 마무리할 수 없다는 의미다. 이 곰팡이는 여름부터 가을 낙엽이 질 때까지 블랙베리덤불 이파리에서 붉은 기운이 도는 보라색 얼룩으로 보일 수 있다. 물론 우리가 블랙베리덤불을 귀하게 여기는 이유는 다른 야생생물과 마찬가지로 열매 때문이다. 이 식물의 열매는 늦여름 많은 종에게 소중한 먹이 공급원이 되어준다. 하지만 내가 이 나무를 만날 때 기분이 좋은 이유는 미적인 가치와 생태적 가치 때문만이 아니다. 내가 블랙베리덤불을 좋아하는 가장 큰 이유는 현장에서 자주 만나기 때문이다. 한마디로 말하자면 블랙베리덤불은 맡은 임무에 도움이 될 때가 많다.

일부 블랙베리덤불은 사람들이 많은 곳과 범죄가 저질러지는 곳에 흔하다. 이 나무가 사람을 좋아해서가 아니라 사람이 농업, 하수, 운송을 통해 흙과 수로의 영양분을 늘리는 경향이 있기 때문이다. 블랙베리덤불은 이런 환경에서 잘 자란다. 영양분을 크게 탐하는 종이고, 인간이 공급하는 과잉의 영양분은 이 덤불의 입맛에 잘 맞는 것들이다.

그럼 블랙베리덤불은 왜 현장 수사에 도움이 될까? 블랙베리덤불이 식물 달력이기 때문이다(이 점은 모든 식물이 그렇다. 그저 그들을 이해하는 법만 배우면 된다). 그래서 시신이 그 자리에 얼마나 오래 있었는지 추정할 때 도움이 된다. 시신이 처음 발견될 때는 경찰도 그 사람의 신원을 모를 때가 많다. 시신의 신원을 파악하기 위해 경찰은 다방면으로 수사를 진행한다. 여기서 한 가지 중요한 질문은 이것이다. "이 시신이 여기에 얼마나 오래 있었는가?" 일부 사건에서는 블랙베리덤불(그리고 다른 식물들 역시)이 그 질문을 해결하는 데 도움을 준다. 우리 눈에는 뒤죽박죽 무질서해 보이겠지만, 사실 블랙베덤불은 질서정연하다. 블랙베리덤불은 환경 속에서 자신의 잠재력을 극대화할 수 있도록 안무를 짜듯 우아하게 설계된 구조물이다.

블랙베리덤불이 어떻게 자라는지 이해하면 연관된 다른 식물을 이해하는 데도 도움이 된다. 블랙베리덤불은 장미과Rosaceae에 속한다. 장미과는 거의 3,000종의 구성원을 거느린 꽤 큰 과다. 장미과에 해당하는 구성원으로는 당연히 장미(장미속*Rosa*)가 있고, 자두와 체리(살구나무속*Prunus*), 사과(능금나무속*Malus*), 산사나무(산사나무속*Crataegus*), 딸기(딸기속*Fragaria*) 등이 있다. 이 중에서 블랙베리덤불은 딸기와 제일 많이 닮았다. 양쪽 식물 모두 과일의 구조가 비슷하지만, 더 중요한 것은 이들의 성장 방식도 비슷하다는 점이다. 딸기는 짧고 튼튼한 뿌리줄기rootstock를 가진다. 여기서 길고 가는 기는줄기runner가 나오고, 이 기는줄기에서 새로운 식물이 자라난다.

블랙베리덤불 그리고 그와 가까운 친척인 라즈베리raspberry, *Rubus idaeus*의 기본 구조는 딸기 구조의 변형이다. 매년 봄이면 이 식물들은 영양생장vegetative growth(줄기, 잎, 뿌리 등의 영양기관에서 일어나는 생장. 꽃, 과실, 종자 등의 생식기관을 통한 생식생장과 대비되는 개념이다 -옮긴이)을 통해 하나나 그 이상의 순을 틔운다. 이 새로운 싹의 역할은 식물이 차지하는 물리적 영토를 확장해 다른 식물과의 경쟁에서 이기는 것이다. 블랙베리덤불의 경우 이렇게 싹튼 줄기의 성장하는 끝부분이 둥글게 아래로 처지다 땅에 닿으면 새로 뿌리를 내려 나무로 자란다. 블랙베리덤불에 잘 걸려 넘어지는 이유도 이 때문이다. 줄기 양쪽 끝부분이 모두 뿌리를 내려서 천연의 덫을 만드는 것이다. 다음 해가 되면 이 줄기는 기능이 바뀐다. 이 줄기에서 나온 짧은 순에서 꽃이 피고, 이어서 열매가 열린다. 여름에 꽃이 피면 땅에서 더 많은 영양생장 순이 돋아나 꽃을 피우는 줄기를 덮으며 자라난다. 이런 식으로 몇 년이 지나는 동안 새로 나온 줄기가 기존의 줄기 위로 자라면서 식물이 점점 커진다(기존의 줄기는 서서히 약해지다가 죽는다). 따라서 우리 눈에는 줄기들이 무질서 그 자체로 보이지만 블랙베리덤불은 산울타리, 숲 그리고 많은 범죄가 저질러지는 영양분 풍부한 거주지의 구석에서 효과적으로 살아남을 전략을 갖춘 아주 '짜임새 있는' 식물이다.

블랙베리덤불이 점진적으로 자신의 영역을 감싼다는 것이 법의 식물학자인 나에게는 가치가 큰 사실이다. 일단 시신이 자리를 잡으면 식물과 동물은 거기에 반응하며 그 존재를 수용한다. 예컨대 시신이 한번 블랙베리덤불에 둘러싸이면, 머지않아 완전히 덤불로 뒤덮여 발견될 날만 기다리게 될 것이다. 내 역할은 이러한 식물의 구조에 담긴 결정적인 신호를 이용해서 시신이 그 자리에 얼마나 있었는지 추정하는 것이다. 이 조사를 할 때는 뿌리줄기에서 돋아난 줄기의 위치와 나이를 관찰한다. 결론을 정확하게 내리기 위해 최대한 많은 뿌리줄기를 조사한다. 더 자세하게 조사하기 위해 표본을 채취해야 할 때도 있다.

나는 블랙베리덤불이 범죄와의 싸움에서 도움이 될 수 있다는 것을 밝혔다. 그렇다면 블랙베리덤불 등을 연구하는 나무딸기속학batology 측면에서 살펴보자. 블랙베리덤불은 유럽팥배나무whitebeam, *Sorbus aria* 등 장미과의 다른 구성원과 마찬가지로 조금 신기하게 번식한다. 이들은 유성생식을 하지 않는다. 정확히 말하자면 대부분은 유성생식을 하지 않는다. 많은 블랙베리덤불은 무수정생식apomixis으로 번식한다. 수정이 이뤄지지 않아도 씨앗이 만들어진다는 의미다. 무수정생식은 꽃식물에서는 꽤 널리 퍼져 있는 복잡한 현상이다. 무수정생식 결과 만들어진 블랙베리덤불은 사실상 식물성 클론, 즉 복제본이다. 또 분포 범위가 대단히 제한되어 있고, 지극히 희귀할 때가 많다. 트렐렉블랙베리덤불Trelleck bramble, *Rubus trelleckensis*은 웨일스 몬머스셔주 비컨힐에서만 자생해 멸종위기에 처했다(트렐렉Trellech은 웨일스 동남쪽에 있는 마을이다 –옮긴이). 이 종만 그런 것이 아니다. 서양산딸기*Rubus fruticosus* agg.(agg.는 이 블랙베리덤불 집단을 통칭하는 용어) 중 영국과 아일랜드에서 지금까지 발견된 300종 이상의 미세종micro-species도 모두 비슷하게 희귀하다. 미세종이라 부르는 이유는 이들을 구분하는 데 사용되는 특성이 아주 포착하기 어렵거나, 현미경을 동원해야 보일 만큼 미세한 경우가 많기 때문이다.

블랙베리덤불이 이렇게 복잡하고 다양하다 보니 식물학자 중에서 이들을 포괄적으로 연구해보겠다고 용기 있게 나서는 사람이 비교적 드문 편이다. 그런데도 용기 있게 나선 사람들을 나무딸기속학자라고 부른다. 이들을 영어로는 batologist라고 부르는데 이 이름은 블랙베리열매를 의미하는 그리스어 báton에서 유래했다. 나무딸기속학자가 되려면 시간, 인내, 가시에 찔려도 아프지 않을 만큼 철갑을 두른 손가락 끝이 필요하다. 나는 런던 자연사박물관에서 일할 때 영국과 아일랜드 나무딸기속학의 왕인 데이비드 엘리스 앨런David Ellis Allen과 알고 지낼 영광스러운 기회가 있었다. 그는 블랙베리덤불에 관해 방대한 지식을 갖추었을 뿐 아니라 자연사 그리고 영국의 식물 수집 역사에 대해서도 놀라울 정도로 해박한 지식을 갖고 있었다.

이쯤에서 나는 여러분이 식물들을 떠올리며 좋은 기분을 느끼기를 바란다. 슬프게도 블랙베리덤불은 사람들에게 인상이 그리 좋지 않다. 생태계 훼손은 인간이 지구에서 저지르는 활동의 결과로 나타나는 경우가 너무 많다. 특히 비토착 침입종이 생태계를 훼손한다. 블랙베리덤불의 맛있는 열매 때문에 우리는 이 나무를 자생지 밖 세계 구석구석으로 퍼뜨렸다. 그것이 뉴질랜드와 하와이 등 여러 장소에서 재앙과도 같은 결과를 낳았다. 하와이의 많은 식물이 비토착 침입종 블랙베리덤불과의 경쟁 그리고 식물을 먹이로 삼는 야생 돼지 때문에 위험에 처했다. 다행히 이를 통제할 수 있는 방법이 나왔다. 뉴질랜드에서는 보라색블랙베리덤불녹병균을 도입해 블랙베리덤불을 조절하는 법으로 사용한다. 이 녹병균 균류는 요구사항이 대단히 구체적이고 특별해서 다른 숙주로 옮아갈 가능성은 지극히 낮다. 블랙베리덤불은 그저 발이 걸려 넘어지게 만드는 짜증 나는 것 이상의 존재다. 다음에 동네 숲길이나 공원에서 이것에 발이 걸려 넘어지기라도 하면 그 식물의 경이로움을 다시 한 번 되새겨보자.

◡◡◡◡◡

나는 1989년에 런던으로 이사했다. 당시에 살던 해크니의 많은 거리는 우아한 힙스터 젊은이들이 아니라 쓰레기로 가득했다. 런던에 오기 전에는 노퍽의 디스 근처에서 살며 블룸스오브브레싱엄Blooms of Bressingham에서 일했다. 그곳은 당시 영국에서 가장 중요한 원예 묘목장 중 하나였다. 그곳에 있는 동안 나는 큐왕립식물원Royal Botanic Gardens, Kew에 장학생 신청을 해서 성공했다. 디스에서의 마지막 여름은 주로 불규칙하게 뻗은 커다란 농장에서 보냈다. 그 농장의 가정집 역시 마찬가지로 구불구불한 계단과 어두운 복도로 복잡했다. 나는 그 집의 한 편에서 젊은 원예학 학생들과 함께 살았다. 그 학생들도 나와 같이 블룸스오브브레싱엄에서 일했다.

집주인 가족은 같은 집의 다른 편에서 살았다. 이 집에는 잡초로 채워진 정말 마음에 드는 울타리 정원이 있었고, 그 정원에는 오래된 뽕나무가 한 그루 있었다. 친구들과 나는 여름 저녁을 그 나무 아래 앉아서 술을 마시며 보냈다. 가끔씩 건물의 남은 한 편을 소유한 복음주의 기독교 신자들이 기타를 쳐서 아침 일곱 시에 잠을 깨는 바람에 짜증이 나기는 했지만, 참 사랑스러운 곳이었다.

그 집에는 시몬이라는 사람도 살았다. 복음주의 기독교 신자 구역에 사는 열정적인 젊은이였다. 그는 먼 곳까지 여행을 다니며 살았다. 아프리카에서는 실험농업 연구기지에서 일하며 보낸 적도 있다고 했다. 시몬은 그곳에서 씨앗을 일부 가지고 왔는데, 그 씨앗 중 일부를 나에게 나눠줬다. 시몬에게 선물을 받아서 키운 식물 중 하나는 레우카이나레우코세팔라**jumbay, *Leucaena leucocephala***(은자귀나무)였다. 1970년대와 1980년대 초반에 이 멕시코 식물은 전 세계 건조한 열대지역 시골의 가난을 줄이는 데 도움을 줄 기적의 나무로 여겨졌다. 이 식물은 가뭄에 강하고, 장작과 가축 사료로도 쓸 수 있다. 하지만 그 뒤로는 평판이 내리막길을 걸어서 지금은 전 세계적으로 심각한 비토착 침입종 나무로 인식된다. 이 식물은 척박한 환경에서도 놀라울 정도로 강인하다. 내가 키우던 한 그루는 런던 중심부 야외의 한 구석에서 보호를 받으며 지난 10년 동안 잘 살아남았고, 후손도 생산했다.

내 은자귀나무를 보면 노퍽에 살던 때와 시몬이 생각난다. 그리고 끔찍했던 사건도 떠오른다. 내가 런던에 도착하고 몇 달 후에 시몬도 이사를 왔다. 당시에는 빈 건물을 무단 점유하는 것이 합법이었기 때문에, 나는 해크니의 커다란 무단 점유 공동체에 자리 잡게 됐다. 런던 필드 근처에서 200명 정도가 모여 살았다. 시몬은 간신히 버티고 선 집을 골라서 살았다. 그는 놀라울 정도로 재주가 많아서 혼자 힘으로 그 집을 다시 지어 올렸다. 그의 노력이 없었다면 분명 그 집은 몇 년도 못 가 무너지고 말았을 것이다. 지금 그 집은 런던 필드 그리고 일광욕을 즐기는 해크니의 도시 사람들을 내려다본다.

나는 항상 시몬이 지나칠 정도로 열정적이라고 느꼈다. 그리고 나의 호감을 기대하는 것 같아 시몬과의 접촉은 최소로 줄이려고 했다. 시몬 집에는 가끔만 들러 잡담을 나누고 차를 한 잔 마시며 마지못해 시몬이 최근에 수리한 부분을 칭찬했다. 하루는 소호로 가는 길에 공원을 걷는데 시몬이 안으로 들어오라고 불렀다. 시몬은 나를 지하실로 데려가 자기가 최근에 고쳐놓은 부분에 관해 자화자찬을 늘어놓기 시작했다. 그러고는 방안에 하나 있던 의자에 앉으라고 했다. 내가 자리에 앉자 시몬은 자기가 방금 마무리한 콘크리트 바닥을 열정적으로 설명했다. 시몬은 이 작업의 수준 높은 마무리를 내게 인정받고 싶어했다. 나는 대단하다며 말을 몇 마디 웅얼거리듯 던져놓고는 그곳을 빠져나왔다. 몇 달 뒤 시몬은 이 나라를 떠났고, 두 번 다시는 시몬을 보지 못했다.

시몬의 소식을 들은 것은 2년쯤 후였다. 시몬이 살인죄로 기소당했다는 것이었다. 그동안 다시 한 번 세계 여행 중이던 시몬은 가슴을 짓누르는 양심의 가책 때문에 영국으로 돌아왔다. 그리고 경찰서로 걸어가 자기가 사람을 죽였노라고 자수했다. 시몬은 집을 수리하는 동안 노숙하는 한 젊은이와 친해져 같이 지냈다. 그런데 알 수 없는 어떤 이유로 어느 날 저녁 그 남자를 도끼 혹은 무거운 삽으로 죽이고 말았다. 시체를 지하실에 묻었고 그 위에 콘크리트를 발랐다. 그가 내게서 간절히 인정받고 싶어했던 바로 그 콘크리트 바닥이었다. 나는 그 시체 바로 위에 있었던 것이다. 지금까지도 나는 그 사건에 관한 수사가 구체적으로 어떻게 진행됐는지 알지 못한다. 하지만 시몬이 빠짐없이 자신이 한 일을 털어놓았으니 그 남자가 언제 죽었는지 확인하기 위해 경찰이 자연에서 수집한 단서를 이용해야 할 필요는 없었을 것이다. 이 이야기에서 끔찍한 뒷이야기라면 그가 살해한 젊은이의 신원이 밝혀지지 않았다는 점이다. 누군가는 그 남자가 대체 어디서 무엇을 하고 있나 궁금해할 것이다.

내게 해크니 그리고 거의 잊힌 한 신원 미상 젊은이의 살인사건을 항상 떠오르게 하는 식물은 부들레야다. 부들레야는 도시와 시골을 가리지 않고 영국 전역에서 자라기 때문에 토착종 식물이라 믿는 사람이 많지만, 그렇지 않다. 이 식물이 영국 야생에서 처음으로 기록된 것은 1920년대다. 부들레야는 그 이후로 계속 세력을 넓혀서 수천 헥타르(1헥타르는 약 1만 제곱미터 -옮긴이)의 땅을 차지하게 됐다. 남동부 지역에서는 분명 이 식물이 호장근보다 훨씬 더 많고, 환경 훼손의 정도도 훨씬 클 것이다. 나는 큐왕립식물원의 장학생이 된 후에야 부들레야가 많다는 것을 처음으로 인식했다. 해크니에서 큐왕립식물원으로 기차를 타고 통근했기 때문에, 이 식물이 런던의 철도와 불모지(식물의 입장에서 보면 불모지라는 말은 맞지 않다. 불모지는 매력적인 토착종 식물과 비토착종 식물로 가득한 꽃의 천국이다)에 무리 지어 사는 모습을 관찰할 기회가 있었다.

큐왕립식물원에서 보낸 시간은 좋은 경험과 안 좋은 경험이 뒤섞여 있다. 나는 그곳에서 많은 것을 공부했고, 매력적인 사람과 놀라운 식물을 만났다. 하지만 1980년대에 동성애자로 자란 다른 사람들과 마찬가지로 마음에 흉터가 남을 수밖에 없었다. 거의 매일 전국방송과 여론을 통해 '나 같은 종자'들은 모두 사악한 소아성애자고, 후천성면역결핍증으로 죽은 다음에 지옥에서 썩어문드러질 것이라는 이야기를 듣는 것은 정말 농담이 아닌 심각한 일이다. 나는 소리 없이 무너져 내렸다. 내 삶에서 달아나 숨어버렸다. 큐왕립식물원의 직원들은 나를 다시 되돌아오게 하려고 애썼지만 내게는 생각도 못 할 일이었다. 결국 원예학 일은 나와 맞지 않는다는 생각이 들었다. 그리고 몇 년 동안 말썽을 부리고 술집에서 일하며 보냈다. 나중에는 인사사무관으로 한 연장교육대학further education college(영국에서 학교 교육을 마친 사람들에게 주어지는 형식적·비형식적 교육 -옮긴이)에서 일을 하게 됐다.

이 시기에는 내가 일곱 살 때부터 기르던 선인장 등 정원과 창턱에서 키우는 식물을 제외하면 식물의 세계와 상당히 단절되어 있었다. 그 선인장은 40년 넘게 지난 지금도 키우고 있다. 나는 시골에서 자라다 보니 꽃밭에 익숙해서(슬프게도 지금은 대체로 사라지고 없다) 도시 환경에서 자라는 야생식물도 정말 흥미로울 수 있다는 생각을 못 하고 살았다. 하지만 나는 도시 '잡초'들의 진가를 알아보게 됐고, 이것이 나중에 블랙베리덤불 등 익숙한 식물을 새로운 각도에서 바라보게 도움을 줬다.

◡◡◡◡◡

블랙베리덤불과 부들레야는 도시와 교외에서 공간을 차지하기 위해 서로 경쟁한다. 이 식물들은 노숙자와 공간을 공유할 때도 많다. 거리에 노숙자의 수가 꾸준히 많아지는 것은 영국의 국가적 수치다. 각각의 사례 모두 개인적으로도 비극이지만, 그들을 돌봐야 하는 경찰과 다른 응급치료서비스 부서에 부담이 가중되고 있다. 매년 겨울이 깊어지면 시골과 도시의 야외에서 죽어가는 사람의 숫자도 늘어난다. 이런 경우 대부분 몇 시간 안에 시신이 발견된다. 하지만 가끔 안전한 보금자리를 찾아 도시의 불모지나 숲으로 찾아든 경우 몇 주, 몇 달, 심지어는 몇 년까지 시신이 그 자리에 남기도 한다. 철도의 대피선이나 제방은 노숙자들이 특히 자주 찾는 곳이다.

한번은 잠재적 범죄 현장으로 호출을 받았던 적이 있다. 그곳에는 심하게 부패된 한 남자의 시신이 있었다. 그때는 한겨울이었고, 겨울이 그렇듯이 추위가 매서웠다. 며칠 동안 겨울비가 심하게 내려서 땅에 물기도 많고 미끄러웠다. 나는 현장 주변을 관리하는 경찰관에게 인사를 하고 서명을 한 다음 현장으로 들어갔다. 거추장스러운 카메라를 든 사진기자들이 현장으로부터 떨어진 곳에서 어디서 찍어야 제대로 된 사진이 나올지 판단하기 위해 이리저리 움직이고 있었다. 철도 제방 옆으로 질척거리는 축구장을 첨벙거리며 가로지른 나는 감독관에게 다가가 내 소개를 했다. 철도 제방이 가팔라 시신이 있는 곳에 자리를 잡으려면 우리 모두 아래로 미끄러지지 않게 조심해야 했다. 시신은 전천후 복장을 입고, 다리를 곧게 뻗은 채 하늘을 바라보며 누워있었다. 미생물들이 열심히 일을 해놓아서 얼굴에 남은 살이 거의 없었다. 시신의 아래턱이 살짝 벌어져 대부분의 치아가 눈에 보였다. 자세히 보려고 몸을 숙이는데, 발 밑에서 흙이 미끄러져 내려 헛디디지 않으려고 애써야 했다. 썩는 냄새가 꽤 강했지만 온도가 낮아 냄새를 유발하는 휘발성 유기화합물이 공기 중에서 잘 퍼지지는 못했다. 더운 날씨였다면 시신에서 나는 냄새를 못 견뎠을 것이다.

우리는 경사면 아래로 일단 후퇴해서 보고서를 어떻게 작성하고, 시신을 어떻게 안전하게 경사면 아래로 내릴지 그리고 어떻게 그 과정에서 우리 몸도 다치지 않을지 이야기하기로 했다. 수색 고문팀은 제방 경사면에 사다리를 걸쳐 공동 출입로를 만들어야 했다. 이들이 그 작업을 하는 동안 나는 식물이 입는 손상은 되도록 외면하려 했다. 쏟아지는 폭우 속에서 철도 제방 경사면을 기어오르며 작업을 하는 덩치 큰 사람들에게 주변 덤불이 다치지 않게 조심하라고 설득하기는 쉽지 않은 일이었다. 그래서 잠시 물러나 차나 한 잔 마시고 오기로 했다.

사다리가 설치되고 우리는 다시 경사를 올라갔다. 법의인류학자들이 시신을 평가하는 동안, 나는 그 주변과 아래쪽에 있는 식물들을 살펴봤다. 고개를 들어 주변 집, 도로, 축구장을 둘러봤다. 이 남자가 마지막으로 본 것들이었다. 시신은 얌전하게 놓인 듯 보였다. 다리는 경사면 아래쪽을 향해 뻗었고, 팔은 옆구리에 있었다. 주변 식물들은 수사팀과 그 시신을 발견한 사람이 손상을 입힌 것을 제외하고 별다른 흔적은 보이지 않았다. 흔히 그렇듯이 이번 발견자도 개를 산책시키러 나온 사람이었다. 식물에 손상이 없는 것으로 보아 그 사람이 몸부림을 쳤거나 싸웠을 가능성은 없어 보였고, 다른 사람이 쐐기풀, 블랙베리덤불, 부들레야, 호장근 등을 헤치고 빠져나간 흔적도 보이지 않았다. 상체 상부, 머리, 팔은 그 무게로 식물의 유해를 납작하게 누르고 있었다. 상체 하부와 다리는 블랙베리덤불의 제멋대로 뻗은 줄기 아래로 미끄러져 들어간 것처럼 보였다. 마치 침대로 기어 올라와 담요를 절반 정도 끌어올려 덮은 것 같은 모습이었다.

전체적으로 식물을 살펴보면 이 남자는 그냥 걸음을 멈추고 그 자리에서 누워 죽은 것으로 보였다. 평화로워 보일 정도였다. 나는 현장을 기록했다. 그리고 법의인류학자와 수색 고문팀이 시신을 조심스럽게 들어 올려 경사면 아래로 내리는 동안, 그 남자가 마지막으로 누운 자리에 오기까지 거친 경로를 찾아내는 과제에 착수했다. 나는 식물 사이로 아주 조심스럽게 움직여야 했다. 자칫 미끄러져 모든 것을 망치고 싶지는 않았다. 약 30분 후에 나는 그 사람의 마지막 발걸음을 추적할 수 있다는 생각이 들었다. 식물의 줄기와 가지가 입은 손상이 불규칙하고, 대부분은 호장근이었다. 이 남자는 약 30미터 정도 철도 제방을 위아래로 방향을 바꾸며 걸었던 것으로 보인다. 그 사람이 죽을 때 내가 그 자리에 있지는 않았으니 확신은 할 수 없지만 식물에 그 남자가 남긴 마지막 움직임의 흔적이 있었다. 그는 덤불 아래서 혼자 휘청거리며 돌아다니다가 걸음을 멈추고 그 자리에서 죽었다.

호장근은 이 사람이 지난 경로뿐만 아니라 사망한 시기에 관해서도 유용한 정보를 제공했다. 호장근은 아주 악명이 높은 식물이다. 요즘에는 호장근의 침입성이 부동산 시세에도 영향을 미치기 때문에 특히 그렇다. 호장근은 놀라운 식물이기도 하다. 영국과 아일랜드의 호장근은 거의 전부 한 암컷 호장근의 단일 클론에서 비롯됐다. 전 세계적으로 자생지에서 탈출해 나온 대다수의 호장근도 마찬가지다. 이들은 동일한 클론에서 유래했다. 전 세계 여러 지역, 특히 유럽과 북아메리카에 널리 퍼진 비토착 침입종이기 때문에, 호장근은 지구에서 가장 거대하고 성공적인 암컷이다. 3미터가 넘는 각각의 줄기가 1년도 안 된 것들이라고 하면 사람들은 깜짝 놀란다. 매년 봄이면 다년생인 땅속 뿌리줄기에서 새로운 줄기가 자라나온다. 호장근이 모든 것을 정복할 듯 힘이 넘치는 것은 사실이지만, 개개의 호장근 줄기는 아주 쉽게 손상을 입어서 몇 달이 지난 후에도 그 영향을 관찰할 수 있다. 현장에서 만난 호장근의 경우 솜털 같은 하얀색 꽃을 지지해주는 작은 곁가지도 손상되어 있었다. 이 꽃은 늦여름에 개화한다. 그런데 줄기가 꽃이 피는 계절에 손상을 입은 것을 보면 시신이 그곳에 얼마나 오래 있었는지 대략 추정이 가능하다. 몇 달쯤 된 것이다.

며칠 후에 그 남자의 신원이 확인됐다. 남자는 몇 년 동안 신체적·정신적으로 상태가 좋지 않았고, 1년 동안은 가족들도 그 사람을 보지 못했다. 그가 아무데서나 자는 습관이 있었고, 부검으로는 사망원인을 밝히지 못했다는 이야기도 들었다. 비참하게도 시신이 너무 심하게 부패돼 이동 중에 말 그대로 그물망을 빠져나갔고, 결국 경찰들이 조각난 시신을 일일이 주워야 했기 때문이다.

5장

# 나무는 거짓말을 하지 않는다

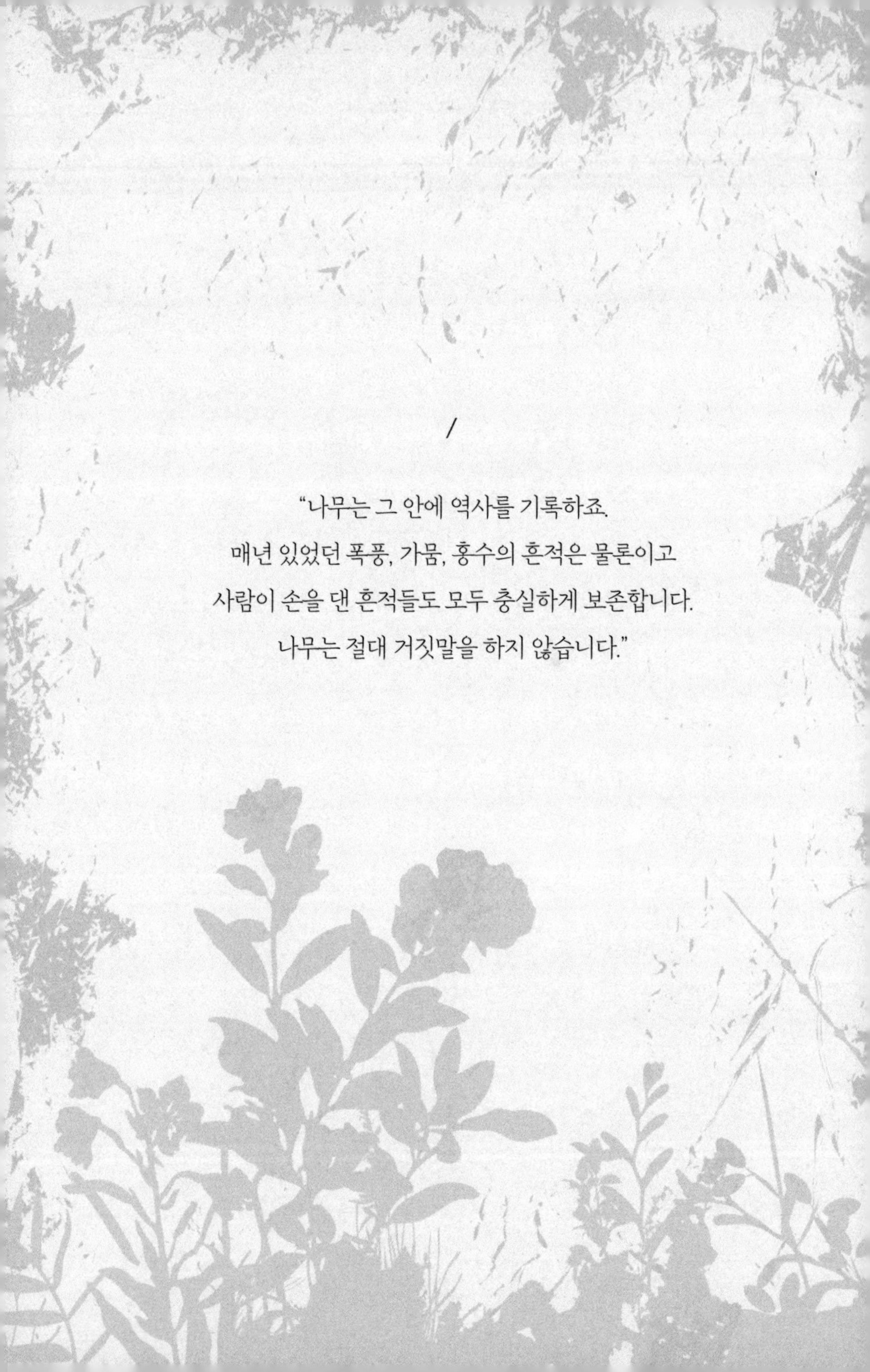

/

"나무는 그 안에 역사를 기록하죠.
매년 있었던 폭풍, 가뭄, 홍수의 흔적은 물론이고
사람이 손을 댄 흔적들도 모두 충실하게 보존합니다.
나무는 절대 거짓말을 하지 않습니다."

널리 퍼진 대중의 인식과 달리 법죄과학은 화려한 일이 아니다. 주요도로 옆, 성에와 오물을 뒤집어쓴 배수로 같은 것을 만나면 이 일의 매력이 반감되고 만다. 텔레비전 범죄드라마의 박진감 넘치는 시나리오대로 흘러가지도 않는다. 보통은 일의 진척이 느리고 고된 업무가 뒤따른다. 하지만 가끔은 일이 순조롭게 진척되면서 현장이 감추고 있던 비밀이 드러나 긴장감이 넘칠 때가 있다.

︶︶︶︶︶

시신이 발견돼 범죄 현장으로 추정되는 곳에 호출을 받고 나갔더니 그곳에서 극적인 분위기가 연출된 적이 있었다. 시신은 매일 다니는 길을 따라 개와 산책하러 나온 사람이 발견했다. 개 주인은 개를 쫓아 길을 벗어났다가 무성하게 자란 식물이 벽처럼 두르고 있는 한 작은 빈터를 발견했다. 빈터 한가운데는 큰 불에 그을린 잔해가 있었다. 개 주인은 재에서 뼈가 튀어나온 것을 보고 뒤로 물러나 경찰에 신고했다. 현장으로 와달라는 호출을 받은 나는 급하게 자연사박물관의 식물 표본실에서 나와 집으로 간 다음, 가

방에 간단한 옷가지와 세면도구를 챙겨 넣었다. 밤샘 작업이 있을지도 모르기 때문이었다. 그러고는 기차를 타러 유스턴역으로 향했다.

나는 제일 싫어하는, 불쾌하고 비좁고 냄새나는 기차 버진 펜돌리노Virgin Pendolino를 타고 창밖에 시선을 둔 채 살충제와 비료에 흠뻑 젖은 잉글랜드 남동부의 으스스한 풍경이 스쳐 지나는 것을 음울하게 지켜봤다. 이 나라는 겉으로 보기에 초록이 우거진 기분 좋은 땅으로 보일지 모르지만, 그중 상당 부분은 죽어가고 있었고 그 책임은 우리에게 있었다. 나는 기차의 고약한 냄새를 잊기 위해 우리의 멍청함에 관해 속으로 악담을 퍼부었고, 창밖의 잠재적 사체 유기 현장들을 바라보며 골똘히 생각에 잠겼다. 시장이 서는 도시 변두리의 작은 관목지들과 처참한 몰골로 변한 과거 산업 중심지를 통과하는 버려진 철도 제방들을 바라보며, 저기에는 대체 어떤 비밀이 숨어있을지 궁금해했다. 한가한 몽상에 불과하면 좋겠지만 분명 저 장소 중 어딘가에는 사라지거나 실종된 사람들의 잔해가 있을 것이다. 마침 지나고 있는 철도 제방이나 그늘진 강기슭이 보이는 철도선 두세 구간은 예전에 사람의 유해가 발견돼 내가 작업한 곳이었다. 나는 이곳을 지날 때마다 세상을 뜬 그 사람들에게 조용히 인사를 건넨다.

서둘러 현장에 달려가 큰 훼손이 없는 것을 보고 적잖이 안심이 됐다. 늘 이렇지는 않다. 현장에 도착해보면 이미 수색 고문딤에서 현장을 완전히 작살냈을 때가 너무 많다. 식물들을 3미터 높이로 쌓아놓은 상황에서는 그 상태를 평가하기가 정말 어렵다. 현대적인 건물에 둘러싸인 작은 현장은 예전에 산업현장으로 쓰이던 구역이었다. 산업에 이용됐다가 지금은 버려진 철도 대피선의 잔해들이 그 구역을 가로질렀다. 철도가 있던 길은 이제 오솔길이 됐다. 길의 한 편은 도로를 향해 경사져 있었고, 그곳에 경찰차들이 주차되어 있었다. 반대편은 풍성하게 우거진 식물 울타리와 야생식물로 에워싸여 있었다. 오솔길 가장자리에는 어린 구주물푸레나무 아래로 작은 길이 나 있었는데, 철도 제방을 따라 빈터까지 이어져 있었다. 나는 보호복을 착용한 후에 짧지만 가파른 경사면을 따라 평지까지 기어올라갔다.

빈터는 폭이 5미터 정도였고, 키 큰 덤불과 작은 나무로 둘러싸여 있었다. 나무들 아래로는 성장을 거의 멈춘 쐐기풀과 블랙베리 덤불이 자리 잡고 있었다. 아직 이른 봄이었기 때문에 대부분의 식물이 본격적으로 성장을 시작하지 않은 때였다. 위를 올려다 보니 온통 이파리만 보이고, 근처에 집의 흔적은 보이지 않았다. 놀랄 일도 아니지만 이 빈터는 노숙자들이 사용한 것으로 보였다. 이곳에 있으면 안전하다고 느꼈을 것이다. 사람의 흔적이 있었다. 낡은 옷가지, 빈 맥주 캔, 싸구려 양주병이 음식 포장지 잔해와 뒤섞여 있었다. 빈터 가장자리를 따라 가정에서 나온 것으로 보이는 돌무더기 잔해와 목재가 보였다. 게으르고 이기적인 사람들이 무단 투기한 것 같았다.

빈터 중심부에는 커다란 나뭇재 더미와 부분적으로 탄 목재가 보이고 그 주변을 몇 명의 사람이 에워싸고 있었다. 한 명은 소피의 상사인 헬렌이었다. 헬렌과 같이 일을 해본 적은 없지만 전화 통화는 한 적이 있었다. 화재 피해 전문가인 토비도 함께 있었다. 현장 수사관과 병리학자도 있었다. 나는 앞으로 나가 그 무리에 합류했다.

빽빽하게 둘러싸고 있는 식물들이 보금자리가 되어주기는 했지만 영상 5도 정도의 날씨는 여전히 추웠다. 봄의 전령인 가시자두blackthorn, *Prunus spinosa*의 하얀 첫 번째 봉우리가 막 피어날 때였다. 보호복과 보온 내의를 갖춰 입은 것이 다행스럽게 느껴졌다. 아래를 내려다 보니 블랙베리덤불 줄기 몇 가닥이 불구덩이를 가로지르는 것이 보였다. 부분적으로 탔지만 다시 자란 흔적도 보였다. 헬렌은 이 시신이 얼마나 이곳에 있었는지, 혹은 누구의 것인지 아직 확인되지 않은 상황이라고 설명했다. 경찰들은 이미 주변

집을 돌아다니면서 의심스러운 것을 본 사람이 있는지 탐문하고 있었다. 그중 몇몇 사람은 몇 주 전에 빈터에서 연기가 피어오르는 것을 본 적이 있다고 말했다. 특이한 일은 아니었다. 그 구역은 노숙자는 물론이고 10대들도 모여드는 곳으로 알려져 있었기 때문이다.

연기 이야기가 중요한 정보로 여겨졌기 때문에, 경찰은 연기가 피어오른 날짜를 중심으로 정보를 수집하는 데 초점을 맞췄다. 그러고는 현장에 관한 우리의 평가가 시신이 상대적으로 짧은 기간 동안 그곳에 있었다는 자신들의 판단을 뒷받침해줄지 빨리 알고 싶어했다. 조사를 어떤 식으로 진행할지 논의한 후에 우리는 각자 자신의 임무를 시작했다. 나는 불이 난 자리 주변과 그 위로 드리운 블랙베리덤불 줄기가 불에 탄 패턴에 특히 관심이 있었다. 근처 덤불의 줄기에도 불에 그슬린 흔적이 있었다. 블랙베리덤불 모두 불이 난 후에 다시 자라난 것으로 보였기 때문에, 나는 이 장소에 불이 여러 번 났고 최근에 피운 불은 앞서 피운 것에 비하면 규모가 작았을 것이라고 추측했다.

다른 사람의 이야기도 들어봐야 할 것 같아 토비에게 내가 관찰한 부분을 검토해달라고 부탁했다. 그 사람은 불을 잘 알고, 나는 식물을 잘 아니까. 고맙게도 토비는 내 관찰에 흠이 없다며 만족해했다.

전문분야가 있어도 자신의 생각과 관찰을 다른 사람과 논의하는 것은 언제든 좋은 일이다. 그러지 않으면 무의식적으로 편향된 생각이 제멋대로 활개를 치기가 쉽다. 나는 블랙베리덤불 줄기로 돌아와 다시 화재 패턴을 파악했다. 이 줄기를 태운 불은 최근의 것이 아니었다. 큰 줄기를 따라 그을린 흔적이 있기는 했지만 그 옆에서 돋아나온 곁가지는 손상을 입은 흔적이 없었다. 이 줄기는 불에 탄 후에도 몇 주에 걸쳐 다시 자란 것이 분명했다. 추위에 몸을 떨며 무릎을 꿇고 보고 있으니 이전 성장기, 그러니까 작년 여름과 초가을 동안에 자란 것이 분명했다. 그럼 큰 불은 적어도 여섯 달 전에 일어났다는 이야기가 된다. 아무래도 경찰은 정보 수집 전략을 바꿔야 할 것 같았다.

한 시간 정도 더 기록하고 사진을 촬영하다가 경찰차가 있는 곳으로 걸어가 커피를 마시며 짧게 휴식을 취했다. 늘 그렇듯이 종이컵에 탄 인스턴트커피였다. 커피의 향기가 어떤 기억을 떠올려줬다. 10대 시절에 다닌 학교는 커다란 인스턴트커피 제조 공장에서 고작 3킬로미터 정도 떨어진 곳에 있었다. 원두를 불에 태우는 냄새가 너무 메스꺼워서 모든 학생이 두통으로 어지러울 때도 있었다. 어쩌면 내가 인스턴트커피만 보면 몸서리를 치는 이유는 동정

심 많은 대도시 엘리트 계층의 사람이어서가 아니라 그때의 기억 때문일 것이다. 물론 예의 바르게 자란 사람인 나는 인스턴트커피에 관해 절대 불평하지 않았다. 그저 커피로 몸을 녹이면서 관찰한 내용을 논의했고, 다음에 무엇을 할 것인지 이야기했다. 이것은 아주 느리고 신중한 작업이 될 수밖에 없었다. 목재 조각, 뒤엉킨 블랙베리덤불 줄기, 깡통 같은 것을 하나하나 꼼꼼히 검사한 다음에야 한쪽으로 치울 수 있었기 때문이다.

헬렌이 먼저 나서서 첫 번째 목재 조각을 치웠다. 우리는 모두 모여 앉아 재만 남은 잔해를 뚫어지게 쳐다보며 시신이 어떻게 누웠는지 분간해보려 했다. 목재, 벽돌 등을 하나씩 치울 때마다 시신이 드러났고, 우리는 다리의 위치를 찾아냈다. 불이 대단히 셌는지 이 사람이 입었을 옷은 모두 타서 사라지고 없었다. 작은 뼈들 역시 이미 재가 되어버려 회수가 불가능한 상황이었다.

병리학자와 헬렌은 가끔씩 뼈에 관해 내가 다 이해하지 못할 말들을 주고받았지만, 화재로 인한 훼손이 너무 심해서 사망원인을 밝혀내기가 쉽지 않으리라는 것은 분명했다. 곧바로 몸통, 팔, 머리도 드러났는데 정말 쉽지 않은 일이었다. 머리뼈가 강한 열에 노출되어 아주 쉽게 부서질 수 있는 상태였고, 꼬인 블랙베리덤불 줄기, 철사, 작은 나무 조각으로 뒤엉켜 있었다.

모두 다닥다닥 가까이 붙어 앉아 무엇 하나라도 잘못 건드리는 일이 없게 하려고 최선을 다해 작업했다. 내 몸에서 땀이 나기 시작하는 것이 느껴졌다. 긴장해서 그런 것이 아니라 추운 날씨라도 방호복을 입고 있으면 습해지기 때문이다. 모두 저린 다리를 풀려고 가끔씩 체중을 이 다리에서 저 다리로 옮기면서 작업했다. 마침내 팔과 머리뼈 주변을 대부분 치웠고, 상체 위쪽에서 잔해 치우는 일을 진행할 수 있게 됐다. 헬렌이 몸통에서 합판 두세 장을 꺼내 한쪽으로 치웠다. 합판이 있던 자리 아래로 나뭇조각의 일부가 보이는 듯했다. 그리고 그것을 들어 올리는 순간 우리는 깜짝 놀라 숨이 턱 막혔다.

이제 사망원인은 더 이상 수수께끼가 아니었다. 시신의 가슴 중앙에 큰 고깃덩어리를 저밀 때 쓰는 큰 칼이 누워있었던 것이다. 마음속에 흥분이 파문처럼 일었고, 몇 분 동안은 살짝 들떴다. 심지어 대단히 노련한 법의인류학자인 헬렌조차 그랬다. 이 사망자는 다른 누군가의 손에 죽은 것이 분명했다.

그날 하루가 끝나고 칼을 발견해서 들떴던 마음도 가라앉은 다음 나는 런던으로 돌아와 보고서를 작성하고 박물관 큐레이터의 삶으로 돌아왔다. 보고서 작성은 필수긴 하지만 재미가 없다. 텔레비전 드라마나 다큐멘터리와는 거리가 있다. 다른 사람들처럼 나도 〈무언의 목격자Silent Witness〉라는 드라마를 보기는 했지만 처음 부분만 봤다. 재미있기는 했지만 계속 보고 싶을 정도로 내용이 궁금하지는 않았기 때문이다.

몇 달 후에는 사망자의 가족 한 명이 살인죄로 기소되고 이어서 유죄 판결을 받았음을 알게 됐다. 재판에서는 시신이 그 빈터에 얼마나 오래 있었는지 식물학적으로 설명할 필요가 없었기 때문에 내가 전문가 증인으로 호출될 일은 없었다. 하지만 칼에 대한 이야기가 나왔을 것이라고 자신 있게 말할 수 있다!

법정에서 식물학이 이용된 지가 꽤 됐다는 것을 알면 좀 놀랄지도 모르겠다. 법정에서 식물이 증거로 채택된 지는 적어도 90년이 넘는다. 제일 유명한 사례로는 전설적인 항공기 조종사 찰스 린드버그Charles Lindbergh의 갓난아기를 납치 살해한 사건이 있다. 1932년 3월 1일 저녁에 가족이 사는 집 2층 아기 침대에 누워있던 찰스 오거스터스 린드버그 주니어Charles Augustus Lindbergh Jr.가 납치를 당했다. 다음 날 아침, 아기가 사라진 것을 발견한 린드버그와 그 집에서 일하는 사람들은 몸값을 요구하는 쪽지를 발견하고 집 안과 땅을 수색했다. 그리고 경찰에 신고했고, 머지않아 집에서 임시변통으로 만든 사다리가 린드버그의 집에서 30미터 떨어진 곳에서 발견됐다. 그리고 4년이 약간 넘은 시점에 독일 이민자 리하르트 브

루노 하우프트만Richard Bruno Hauptmann이 아동 납치와 살인죄로 사형에 처해졌다.

린드버그 사건은 미국의 현대사에서 가장 악명 높은 사건 중 하나다. 또한 사회에 지대한 영향을 끼쳤고, 아직도 논란에 휩싸여 있다. 나는 이런 논란은 피하고 식물학적 측면에만 초점을 맞춰보겠다. 발견된 사다리는 이 사건에서 가장 중요한 증거였다. 이 사다리를 조사한 과학자는 위스콘신 매디슨에서 온 아르투어 쾰러Arthur Koehler 박사로, 미국산림청United States Forest Service 산하 임산물 연구실에서 일하는 과학자였다. 그는 목재해부학 전문가였고, 법정에서 증인 선서를 할 때 자신을 '정부를 위해 목재 식별을 담당하는 전문가'라고 설명했다.

하우프트만이 체포되기에 앞서 쾰러는 그 사다리를 검사해 테다소나무North Carolina pine, *Pinus taeda*로 만든 것임을 식별해냈다. 또한 현미경을 이용해서 목재 표면에 있는 기계의 흔적이 분당 2,700회 회전하고 분당 78미터의 속도로 목재를 절단할 수 있는 칼날로 생긴 것임을 확인했다. 솔직히 그가 이것을 어떻게 알아냈는지는 나도 도대체 감을 잡을 수가 없지만, 어쨌거나 정말 똑똑했나 보다! 쾰러는 1,500곳이 넘는 목재소로 질의서를 보냈고, 그 결과 목재소의 목록이 스물다섯 곳으로 줄어들었다. 그리고 사다리 목재와 비교해볼 수 있게 이 스물다섯 개 목재소에 대패질한 목재 표본을 만들어 보내달라고 요청했다. 이 표본 중 사우스캐롤라이나 매코믹에 있는 M.G.&J.J. 돈 컴퍼니에서 보낸 것이 가장 일치하는 것으로 나타났다. 이 회사의 주문 대장과 수송 기록을 더 자세히 조사해본 쾰러는 브롱크스의 내셔널룸버앤드밀워크컴퍼니가 그 사다리에 들어간 목재의 소매공급자라는 것을 확인했다.

이 수사가 이뤄지는 동안에 쾰러는 체포된 용의자가 누구든 소유한 목재 공구, 특히 대패가 있으면 모두 확보해두라고 조언했다. 몇 달 후 하우프트만이 체포됐을 때 그의 소유물 중에서 목수용 연장세트가 발견됐고, 그 연장세트 안에 대패도 있었다. 그리고 그가 내셔널룸버앤드밀워크컴퍼니에서 일을 했고, 목재도 그곳에서 구입한 것으로 밝혀졌다. 쾰러가 하우프트만이 소유한 대패날의 불규칙성을 꼼꼼하게 조사해봤더니 그 사다리의 목재를 대패질할 때 사용된 것임을 입증할 수 있었다. 목재 표면의 불규칙한 면이 하우프트만의 대패날의 불규칙성과 맞아떨어진 것이다. 게다가 하우프트만의 연장세트에서 작은 끌 하나가 없었는데 범죄 현장에서 발견된 끌과 동일한 크기의 같은 회사 제품이었다.

쾰러는 사다리의 디딤대가 하우프트만이 살던 건물의 계단과 다락 바닥에서 나온 것이라는 점도 입증했다. '16번 가로장'으로 재판에서 제시된 사다리의 일부가 하우프트만의 집 다락 마룻장에서 톱질로 잘려나간 부분과 일치한다는 것이 결정적인 증거였다. 16번 가로장과 마룻장의 목재 나이테 무늬와 만곡이 정확하게 일치했다. 거기에 더해서 쾰러는 사다리 목재에서 발견된 네 개의 빈 못 구멍이 다락에서 사라진 목재의 못 구멍 분포 형태와 일치한다는 것도 입증했다.

재판 후 얼마 지나지 않아 쾰러는 라디오 방송과 인터뷰하면서 이렇게 말했다.

> 오랫동안 이 일을 하면서 저는 나무가 하는 증언은 절대적으로 신뢰할 수 있다고 확신하게 됐습니다. 나무는 그 안에 자신의 역사를 기록하죠. 매년 있었던 폭풍, 가뭄, 홍수, 손상의 흔적은 물론이고 사람이 손을 댄 흔적들도 모두 충실하게 보존합니다. 나무는 절대 거짓말을 하지 않습니다. 나무를 위조하거나 만들어낼 수는 없죠.

그의 선언이 조금 거창해 보이기는 하지만 기본적으로는 옳은 말이다. 지금까지 나무의 나이테를 위조했다는 이야기는 못 들어봤으니까! 하지만 누구든 자기 눈앞에 보이는 것을 잘못 해석할

여지는 있다. 훌륭한 과학자가 되는 데 필요한 조건 중 하나는 반드시 관찰이 뒷받침하는 결론을 내리는 것이다.

또 다른 조건이 있다. 서두르지 말아야 한다. 고객을 만족시키기 위해 일을 서두르는 것은 절대 현명한 일이 아니다. 내가 아는 한, 경찰을 위해 일하면서 내가 저지른 실수는 딱 한 번밖에 없다. 나뭇잎 식별을 잘못했다. 어리석게도 나는 경찰에서 제공해준 사진을 보고 나뭇잎을 식별하려고 했다. 그리고 그 이파리가 증거로서의 가치가 있다고 생각했다. 사진은 아주 유용한 도구가 될 수 있지만 오해를 불러일으키기도 쉽다. 이 사건에서는 내가 그런 오해에 빠져들고 말았다. 사진을 촬영한 각도 때문에 나뭇잎을 정확히 식별하는 데 필요한 특성 중 일부가 가려졌던 것이다. 몇 시간 후에 나는 경찰에게서 추가로 여러 장의 사진을 받았다. 그 사진을 보니 내가 나뭇잎을 잘못 식별했음을 알 수 있었다. 결과적으로 그 나뭇잎은 중요한 증거가 아니었다. 잠시 식은땀을 흘리다가 나는 수화기를 들었다. 전화를 받은 형사는 정중했지만 이를 악무는 것이 느껴졌다. 경찰에서는 수사팀이 촬영한 사진을 바탕으로 의견을 물어올 때가 많다. 안타까운 일이지만 나는 아직까지 식물학적으로 식견이 있는 경찰관은 만나보지 못했다. 그들은 십중팔구 식물 사진을 엉뚱하게 찍어 보낸다. 풍경화처럼 식물에 초점이 안 맞거나, 이파리나 꽃의 일부만 찍어놔서 추상화처럼 보이게 촬영한 경우가 많다. 그들의 잘못은 아니다. 적절한 훈련을 받지 못한 상태에서는 식별에 도움이 되는 식물의 핵심 특성을 촬영하거나, 범죄 현장의 식물학적 분위기를 파악하도록 촬영하기가 어렵다.

린드버그 사건을 강력범죄에 식물학적 증거가 처음 사용된 사례로 표현하기도 하지만 그보다 앞선 사례들도 있다. 사실 린드버그 사건 관련 재판에서 증인 선서를 시작할 즈음에 쾰러는 전에도 범죄수사에 참여한 경험이 있다고 설명했다. 1923년에 쾰러는 위스콘신에서 열린 존 매그너슨John Magnuson의 살인 재판에서도 증거를 제공한 적이 있었다. 농부였던 매그너슨은 자신의 땅을 가로지르는 배수로 건설 계획을 두고 지방당국과 갈등을 빚었다. 게다가 당국에서는 그 일과 관련해서 그에게 세금까지 매길 계획을 했다. 그렇게 갈등이 커지던 도중에 750리터의 가솔린과 디젤이 든 준설기(물속의 흙이나 모래 따위를 파내는 데 쓰는 기계 －옮긴이)가 폭발했다. 그의 부정행위를 입증할 수는 없었지만 많은 사람이 사고가 아니었을 것이라 의심하며 매그너슨의 짓으로 봤다. 결국 크리스마스 이틀 뒤에 비극이 찾아왔다. 소포로 위장된 파이프폭탄이 카운티 운영위원회 위원이자 매그너슨의 적이던 제임스 채프먼James Chapman의 집으로 배달된 것이다. 그 폭발사고로 채프먼은 심한 부상을 당했으며, 그의 아내 클레멘타인은 사망하고 말았다. 당시에 '크리스마스 폭파범Yule Bomber'으로 불리던 매그너슨의 재판에서 쾰러는 증인으로 나섰고, 현미경 비교를 통해서 폭발장치를 넣는 데 사용한 미국느릅나무white elm, *Ulmus americana*가 매그너슨의 작업대에서 나온 대팻밥과 같은 것임을 입증했다.

쾰러는 그 전에도 범죄수사를 위해 목재를 조사해본 경험이 있었던 것이다. 하우프트만의 변호사 중 한 명인 프레더릭 포프Frederick Pope는 쾰러의 증언이 유죄를 이끌어낼 수도 있겠다고 생각해 증언을 못하게 막으려 했다. 포프는 이런 말로 이의를 제기했다. "이 증인은 목재와 관련해서 의견을 개진할 자격을 갖추지 못했습니다." 그리고 이렇게 덧붙였다.

> 나무 전문가라는 사람은 존재하지 않습니다. 이것은 법정에서 인정받은 과학이 아닙니다. 필적 전문가나 탄도학 전문가와 같이 묶을 수 있는 범주가 아닙니다. 이것은 과학도 아닙니다. 쾰러는 그저 나무를 조사해본 경험이 많아서 기껏 나무껍질이나 그 비슷한 것에 관해 좀 아는 사람에 불과합니다.

포프는 쾰러의 지식을 배심원단 구성원의 지식에 비유하며 특별한 장점이 없는 평범한 지식에 불과하다고 주장했다. 하지만 그의 시도는 실패로 끝났고, 판사 토머스 W. 트렌처드Thomas W. Trenchard는 쾰러의 자격과 경험을 조사해본 후에 이렇게 선언했다. "변호인단에게 본 판사는 이 증인이 전문가로서의 자격을 갖췄다고 여기고 있음을 알립니다." 역사적인 순간이었다. 트렌처드 판사의 주장으로 범죄수사에 식물학을 이용하는 것이 지문 분석 등 다른 과학기술을 이용하는 것과 대등한 자격을 갖추게 된 것이다.

변호사에게 '기껏 나무껍질이나 그 비슷한 것에 관해 좀 아는 사람'으로 업신여김 당했던 쾰러의 경험은 사회에 깊숙이 각인된 식물에 대한 양가감정을 잘 보여준다. 오늘날에도 범죄 현장에는 식물학과 법의환경학에 대한 이런 양가감정이 여전히 존재한다.

6장

# 식물학자가 시체를 찾는 법

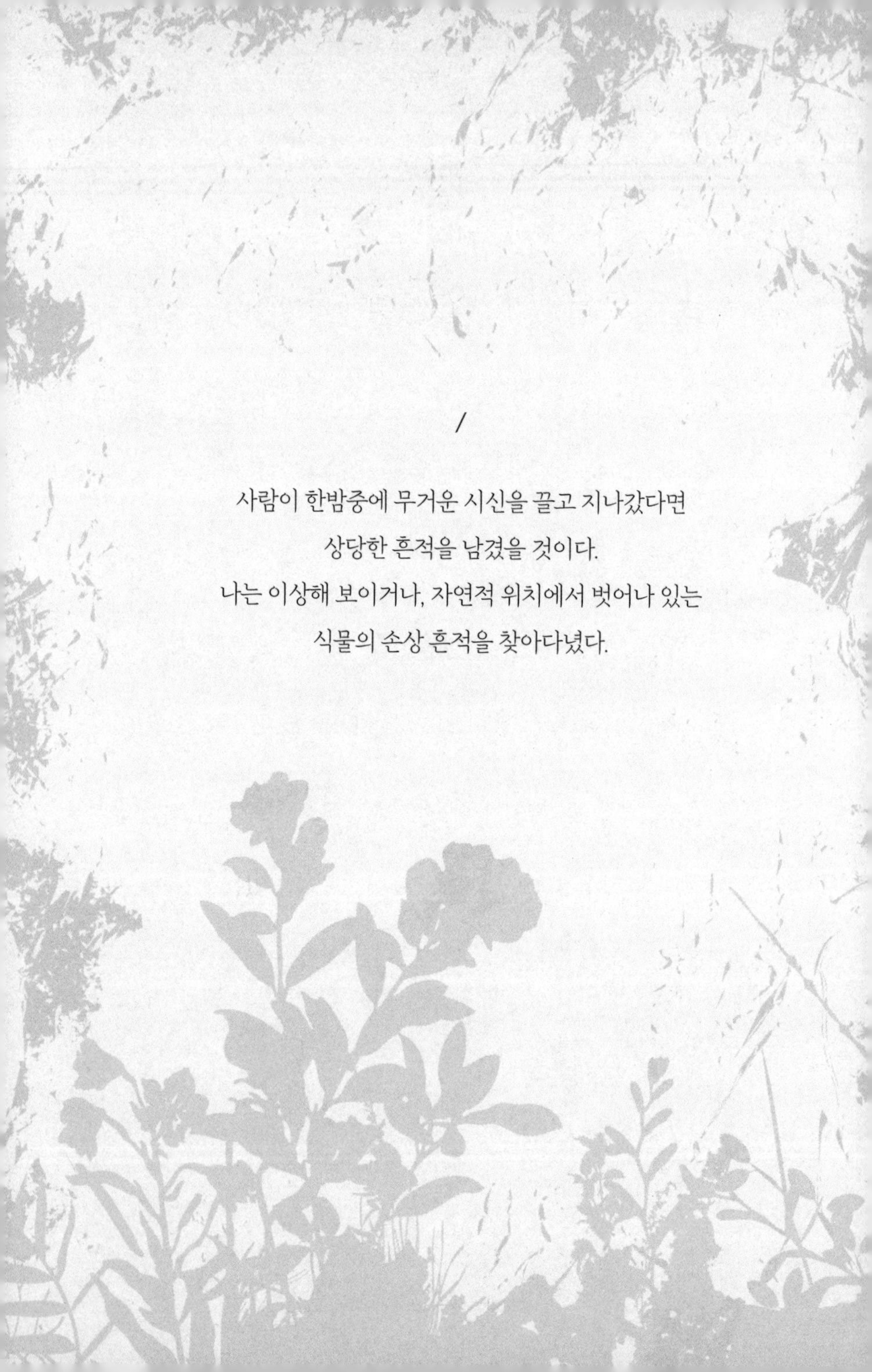

/

사람이 한밤중에 무거운 시신을 끌고 지나갔다면
상당한 흔적을 남겼을 것이다.
나는 이상해 보이거나, 자연적 위치에서 벗어나 있는
식물의 손상 흔적을 찾아다녔다.

가장 오래 걸리고 복잡했던 일은 별거 중인 남편이 아내를 무자비하게 살해한 끔찍한 사건이었다. 남편은 아이들이 집 안 다른 데서 엄마를 기다리는 동안 아내를 때려 죽였다. 그러고서 가족들과 상의해 계획해뒀던 지점으로 차를 몰고 가 시체를 버렸다.

오래 지나지 않아 남자는 살인 혐의로 기소됐다. 피의자를 도운 가족들은 그가 시신을 임시 정차용 갓길에 버리는 것을 도왔다고 자백했다. 피의자는 반복된 심문 속에서도 경찰을 시신이 있는 곳으로 안내하려는 의지가 없었고, 또 그럴 수도 없었다. 공범과 피의자 모두 그곳이 어디였는지 기억나지 않는다고 주장했다. 처음에는 증인의 진술이 모호하고 신용하기가 어려워서, 경찰도 시신이 있는 곳에 관한 정보를 얻는 데 한계가 있었다. 아주 공들여 휴대전화 신호 및 자동 번호판 감지 데이터를 분석하고, 시민의 신고를 받아본 뒤에야 경찰은 시신이 도로 어느 구간에 있는지 알아냈다고 생각했다. 하지만 안타깝게도 그 구간은 주요도로 16킬로미터 정도로 아주 길었고, 그중 상당 구간은 중앙분리대가 설치되어 있었다. 그 도로를 따라 몇 개월에 걸쳐 임시 정차용 갓길을 수색해본 후에 경찰은 결국 소피에게 도움을 요청했다.

소피는 내게 전화를 걸어 수색을 도와달라고 했다. 그 도로에는 임시 정차용 갓길이 많았는데, 그때까지 경찰은 그중 두 곳을 집중해서 수색했지만 발견한 것은 없었다. 현장에 도착하기 전에 나는 수색 영역을 자세하게 보여주는 다양한 지도를 받았다. 이런 지도는 암호화된 CD나 보안메일을 통해 도착한다. 나는 전화로도 소피와 꽤 오랜 시간 논의했다. 조사할 첫 번째 현장은 배수로, 오래된 산울타리, 개울, 삼림지대, 목초지가 혼재된 크고 복잡한 지역이었다. 주요도로에서 자주 이용되는 큰 임시 정차용 갓길과 인접해 시끄러웠다. 그리고 우리의 활동이 언론의 주목을 끌 가능성도 높았다.

런던에서 꽤 먼 거리를 이동한 끝에 나는 이른 시간에 잉글랜드 북부의 작은 도시에 도착했다. 꽤 부유한 동네였지만 주변에는 제대로 된 커피숍이 보이지 않았다. 나는 새벽 다섯 시에 깼고, 아침 일찍 일어나는 것을 싫어하는 성격이라 속으로 투덜거렸다. 춥기도 엄청 추웠다. 한때는 터프한 사람이었지만 런던에서 30년을 살다 보니 나도 샌님이 됐다. 1980년대 초반, 10대 초반에 살던 집은 어찌나 추웠는지 어느 겨울에는 어머니의 침대 옆에 놓아뒀던 우유 한 잔이 밤새 딱딱하게 얼기도 했다. 나는 소피와의 만남을 준비하며 마음을 다졌다. 소피는 내게 정신 똑바로 차리고 완전히 집중하라고 요구할 것이었다. 당연한 요구다.

소피의 차가 도착하자 나는 그 차에 올라탔다. 도시를 빠져나와 우회도로로 올라타는 동안 소피가 사건에 관해 다시 짚어줬고, 나는 소피 앞에서 똑똑해 보이려고 안간힘을 썼다. 이제는 소피도 나에 관해 알만큼 알아서 내가 허세를 부리고 있다는 것을 알긴 했지만 말이다. 우리는 소피의 사무실은 어떻게 돌아가고 있는지, 박물관에서의 내 생활은 어떤지, 소피의 아이들은 어찌 지내는지 등등 세상 사는 이야기도 나누었다. 나는 소피와 함께 있는 시간이 좋았다. 소피는 유머 감각도 있고 솔직담백하다. 내가 아주 좋아하는 부분이다. 우리는 둘 다 포커를 치면 쪽박을 쓸 사람이다. 우리가 다른 사람이나 그 사람의 판단을 어떻게 생각하는지 얼굴에 대번에 드러나기 때문이다. 특히 상대를 멍청하거나 우둔하다고 생각할 때는 더욱 그렇다!

임시 정차용 갓길에 가까워지자 경찰 승합차 두 대, 표식이 있는 경찰차 한 대, 표식이 없는 차 한 대가 보였다. 표식이 없는 차는 아마도 형사의 차일 것이다. 주위는 편평해서 강이 범람하면 물에 잠기는 전형적인 범람원이었다. 토양이 어떤 유형일지 이미 알 것 같았다. 나는 머릿속에 잉글랜드의 지리에 관한 대략적인 지질학 지도를 갖고 있었고, 그 덕에 차창 너머로도 토양의 유형을 꽤 정확하게 판단했다. 나는 혼자서 게임도 즐겼다. 일단 차 밖으로 나갔을 때 처음 만나게 될 식물의 종류가 무엇일지 예측해보는 것이다. 분명 꽤 오래된 지형이었다. 멀리서 봐도 산울타리가 아주 오래돼 보였다. 반면 산림은 아주 최근에 조성된 것이었다. 아마도 30년 미만일 것이다. 우회도로를 건설할 때 근처의 주택단지를 보호하려고 심은 것 같았다. 나무들은 꽤 크게 자랐지만, 지상식물군은 아주 제한적일 것이다. 내 입장에서 보면 이곳은 삼림지대가 아니라 인위적으로 만든 조림지였다. 나는 아직도 반쯤 졸고 있는 뇌를 억지로 깨워봤다. 자동차 문을 열고 나가니 찬 공기에 정신이 들기 시작했다. 나는 경찰이나 수사팀들이 저마다 다르다는 사실도 다시금 머릿속에 새겼다. 새로운 팀을 만날 때마다 그들의 행동과 기벽을 새로 파악해야 한다. 나는 보통 이런 부분을 파악하는 동안에 입을 다물고 있다. 하지만 그런 시간이 오래가지는 않는다.

수사팀 중 일부는 예전에 함께 일한 적이 있었다. 좋은 일이었다. 몇 번 일을 같이 해봤는데, 꽤 맘에 드는 사람들이었기 때문이다. 하지만 앞으로 며칠 동안은 감자칩, 초콜릿, 인스턴트커피, 포장 샌드위치만 먹고 살아야 한다는 것도 깨닫게 됐다. 이런 음식들을 포근한 경찰 승합차 내부에서 먹거나, 길가에 서서 먹게 될 것이다. 서로 인사를 한 다음에 나는 바로 모든 사람의 이름을 잊어버렸다. 심지어는 예전에 함께 일했던 사람의 이름도 까먹었다(사람들 이름에 관해서는 나중에 소피한테 계속 묻게 될 것이다. 소피도 알고 있다). 그런 다음 전체적으로 현장에 관한 이야기를 듣고 경찰이 이 장소를 수색하게 이끌었던 정보(예를 들면 휴대전화 데이터)를 검토했다. 첫 논의를 마치고 나는 따로 나와 식물을 둘러봤다. 그 지역의 생태와 익숙해지고, 정신을 차리기 위해서였다. 지금 시각은 오전 아홉 시 반 정도. 이제야 일어날 시간이 됐다! 나는 차에서 식물에 관해 판단한 것이 대체로 맞아떨어져서 조금 우쭐해졌다. 이 지역은 상상한 것보다 더 흥미로웠다. 식물의 종이 상당히 풍부했지만 그동안 방목이나 건초 베기가 너무 이뤄지지 않아 슬프게도 방치돼 있었다. 어린 묘목들이 자리를 잡기 시작해 10년 정도 후면 이 초원은 대부분 사라지게 될 것이다. 이 점이 나를 정말 화나게 했다. 풍부한 종이 서식하는 저지대 초원은 가장 큰 위험에 처한 서식지 중 하나기 때문이다. 상황이 삼림지대보다 훨씬 심각해서 지금까지 97퍼센트 이상의 초원이 소실됐다.

우리는 한밤중에 서둘러 시신을 매장했을 가능성이 제일 높아 보이는 지역, 즉 임시 정차용 갓길에서 제일 접근하기 쉬운 지역과 길가에 수색을 집중하기로 했다. 시신을 옮길 때는 체구가 작은 사람이라도 아주 무겁게 느껴진다. 그래서 아주 힘이 좋은 경우가 아니고는 시신을 50미터 이상 운반하거나 끌고 가기가 힘들다. 우리는 배수로와 임시 정차용 갓길 가장자리를 따라 근처에서 자라는 인접한 식물부터 수색했다. 배수로의 길이는 200미터, 폭은 8미터 정도 됐다. 어떤 구역은 깊이도 꽤 깊어서 2미터가 넘었고, 경사도 가팔랐다. 놀랄 일도 아니지만 열흘 정도 거의 쉬지 않고 비가 내렸기 때문에, 어떤 장소는 바닥에 물이 아주 흥건했다.

길가에서 보면 배수로는 아름다워 보였고, 식물도 무성했다. 군데군데 어린 나무들과 빨간 열매가 가득 달린 산사나무**hawthorn, *Crataegus pinnatifida***의 커다란 덤불도 보였다. 하지만 실제 배수로의 상태는 정말 끔찍했다. 많은 사람이 너무 더러워 처치 곤란하다 싶은 것은 무엇이든 배수로에 던지기 때문이다. 비극이 아닐 수 없다. 배수로에는 놀라운 식물들이 자란다. 영국에서 가장 희귀한 식물 중 하나인 습지금방망이**fen ragwort, *Jacobaea paludosa***는 대형트럭이 다니는 임시 정차용 갓길과 경작지 사이에 샌드위치처럼 낀 배수로가 마지막 남은 보루다. 그런데 그 안으로 부서진 자동차 덩어리, 주로 범퍼와 휠캡이 던져져 있었다. 건축업자들이 버리고 간 돌무더기나 이상한 부엌 싱크대 등은 이곳이 쓰레기 불법투기업자들이 종종 출몰하던 곳임을 고스란히 보여줬다. 가장 많은 쓰레기는 산더미처럼 쌓인 패스트푸드 포장이었다. 속이 메스꺼웠다.

깊은 악취도 풍겨왔다. 낙엽이나 식물이 분해되면서 나오는 천연 화합물의 풍부한 향기와는 달랐다. 수없이 많은 대형트럭 운전사가 싼 오줌 냄새와 대변 냄새가 뒤섞인 냄새였다. 나는 누군가의 똥을 밟았다. 이런 일이 처음도 아니다. 한숨을 내쉰 다음 가진 것 중 제일 좋은 방수 부츠를 신고 온 나의 선견지명에 고마워하며 작업을 이어나갔다. 집으로 돌아가기 전에 부츠를 꼼꼼히 닦지 않으면 곤란하겠다고 생각하며.

나는 사체유기의 결정적인 흔적을 찾아 배수로를 여기저기 돌아다녔다. 아무것도 보이지 않았다. 별다른 묘책은 없었다. 소피와 중간에 서로 만나 어떻게 진행할지 고민해봤다. 배수로가 아주 넓으니 10미터 단위로 구간을 나눠 조사하기로 했다. 우리는 줄자로 구간을 표시하고 임시 지도를 그렸다. 그녀가 그린 지도는 전반적인 특성에 초점을 맞췄고, 내 지도는 식물에 초점을 맞췄다. 나는 식물을 기록하기 위해 일련의 사진을 촬영했다. 그러고는 둘 다 머리를 숙이고 앞뒤로 훑으면서 각자 자기만의 방식으로 땅에 관해 고민했다. 나는 이상해 보이거나, 자연적 위치에서 벗어난 식물의 손상 흔적을 찾아다녔다. 가끔씩 우리는 흥미를 불러일으키는 것이 있는지도 논의했다. 그런 경우는 더 조사해봐야 한다는 표시로 작은 깃발을 꽂아뒀다. 이 일을 마치고 나니 땅이 작은 빨간색 깃발로 장식되어 있었다. 스케치한 지도 위에 깃발들의 위치를 표시했다. 깃발로 표시해놓은 곳을 다시 조사하면서 의도적으로 훼손된 흔적을 발견하지 못한 경우에는 목록에서 지웠다. 그렇게 한 시간 후에 모든 깃발이 제거됐다. 10미터 구간 하나를 마무리했으니 이제 블랙베리덤불, 쐐기풀, 가시나무가 우거진 배수로 똥밭 구간을 열아홉 구간만 더 조사하면 되었다. 그 전에 인스턴트커피에 초콜릿바를 하나는 먹고 말이다. 화장실에 가고 싶으면 멀리 떨어진 은밀한 공간을 찾거나, 어두워질 때까지 기다려야 했다. 수사팀에 따라 다르지만 휴대용 간이 화장실을 공급해주는 경우는 그리 많지 않다.

짧게 쉰 후에 우리는 나머지 열아홉 구간을 조사하기 시작했다. 다행히도 임시 정차용 갓길 가운데서 멀어질수록 사람이 훼손한 흔적이 줄어들었고, 냄새도 덜했다. 그렇게 스무 번째 구간까지 가니 점심시간이 훨씬 지났다. 아직까지는 중요한 것이 전혀 나오지 않았다. 우리는 짬을 내서 늦은 점심식사를 했다. 나는 마요네즈가 덕지덕지 묻은 치즈 샌드위치를 먹었다. 점심시간의 대화는 무릎이 쑤신다는 불평으로 시작했지만, 이내 그다음에는 무슨 일을 할 것인지에 대한 대화로 옮겨갔다. 형사 한 명이 도착해서 소피가 진척 상황을 간략하게 설명했다. 표정이 침울한 사람이었다. 그는 이 장소가 마음에 드는 것 같았고, 성과가 빨리 나오기를 바라는 모습이었다. 사실 모두가 똑같은 마음이었다. 길에 살얼음의 흔적이 보였다. 우리는 다음에 해야 할 일이 무엇인지 논의했다.

수색 고문팀 중 몇 명은 무언가를 하고 싶어 몸이 근질거리는 것이 분명했다. 런던에서 온 얼뜨기 식물학자가 꽃을 들여다보는 동안 하는 일 없이 가만히 앉아서 기다리는 건 이들에게 태생적으로 어울리지 않는 일이다. 누가 작업이 빨리 진행될 수 있게 작은 굴착기를 하나 가져오자고 제안했다. 그 말에 소피의 얼굴이 살짝 창백해졌다. 소피가 외교력을 발휘하려 할 때 나타나는 현상이다. 소피가 그것은 좋은 생각이 아닌 것 같다고 차분하게 설명하는데, 한숨을 돌리기 위해 살짝 말을 멈추는 것이 느껴졌다. 나도 마음속으로 소피의 생각에 동의했다. 농사와 원예에 관해 잘 알고 있는 나는, 흙이 언제 최대로 많은 물을 머금고 있는지도 안다. 물기를 잔뜩 머금은 진흙 위로 섣부르게 중장비를 몰고 들어갔다가는 진창에 빠져 오도 가도 못하는 난처한 처지가 되기 쉽다. 그럼 현장이 수습 불가능할 정도로 끔찍해지고, 들어가서 작업하기도 위험해진다. 소피는 중장비는 증거, 특히 시신을 심각하게 훼손할 수 있다고 조심스럽게 설명했다. 다행히도 중장비 사용은 보류됐다.

수색해야 할 중요한 구역이 세 개 남았다. 커다란 들판 두 곳과 그 들판을 둘러싼 산울타리, 날카롭고 무성한 가시나무덤불 산울타리로 둘러싸인 작은 개울 그리고 조림된 삼림지대였다. 증인이 제공한 정보에 따라 경찰은 들판과 산울타리를 먼저 조사하고 싶어했다. 수색 고문팀은 이미 며칠째 개울 가장자리를 두르고 있는 덤불 산울타리를 따라 살펴보면서 구덩이도 몇 개 파봤다고 했다. 다시 한 번 소피의 얼굴이 창백해졌다. 무슨 일이 일어난지 알 것 같았다. 그녀는 수색 고문팀에게 어디를 팠는지 지도를 그려놓은 것이 있는지 물었다. 그런 지도는 없었다. 그들이 말하길 그 구덩이들이 어디 있는지는 정확하게 알고 있다고 했다. 하지만 결국 그들도 구덩이의 위치를 확실히 기억하지 못했고, 우리는 구덩이의 위치를 모두 찾느라 시간을 한참 보내야 했다.

이러면 눈이라도 한번 흘겨주고 싶은 마음이 생기기 쉽다. 하지만 수색 고문팀의 입장도 생각해야 한다. 이 사람들은 비좁은 경찰 승합차 뒤에 며칠이나 처박혀 있었다. 이 사람들 대부분은 아마도 시골 범죄 현장에서 작업해본 적이 한 번도 없을 것이고, 내가 지금까지 봐온 바로는 이런 현장에서 작업하는 데 필요한 훈련도 거의 받지 못했을 것이다. 대부분의 중범죄는 집 내부나 그 주변 또는 길거리나 직장에서 일어난다. 시골에 범죄 현장이 있는 경우는 드물기 때문에 경찰은 이런 장소에서 일해볼 기회가 별로 없다. 내가 아는 바로는 이들도 이례적인 시나리오와 마주했을 때의 임무에 관해 훈련을 할 것이다. 그런데도 현장에서 자료 기록 없이 이뤄지는 활동은 도움이 되지 않는다. 소피와 내가 구덩이들을 다시 조사해서 놓친 것이 없는지 확인했던 이유다.

나는 산울타리 안과 개울둑을 잘 볼 수 있게 개울 바닥으로 기어갔다. 지난 며칠 동안 비가 많이 내렸는데도 이 구간의 물은 얕았다. 개울은 폭이 작지만 개울둑은 경사가 가팔랐다. 새벽 두 시에 살인사건 희생자의 시신을 여기까지 옮기기는 분명 아주 힘들었을 것이다. 하지만 불가능하지는 않았다. 그래서 이 부분도 계속해서 확인해야 했다. 몇백 미터를 확인한 후에 내 휴대전화에서 알림이 울렸다. 당시 또 다른 살인사건 수사도 함께 맡았기 때문에 휴대전화를 꺼내 이메일을 확인해봤다. 하지만 중요한 내용이 없어서 휴대전화를 다시 집어넣으려다가 살짝 미끄러져 개울에 빠뜨리고 말았다. 나는 욕을 뱉으며 재빨리 손을 얼음처럼 차가운 물속에 담그고 휴대전화를 꺼내 올렸다. 놀랍게도 휴대전화는 계속 작동했고, 내 덕에 수색 고문팀은 소소한 웃음거리를 챙겼다.

소피와 나는 개울 가장자리를 둘러싼 산울타리를 따라 이동했다. 그동안 수색 고문팀에서 판 구덩이의 흔적도 찾아냈다. 흙더미도 한두 개 발견했는데 오소리나 여우의 활동과 관련된 것이 분명했다. 모두 확인했다. 이때쯤 내가 이 구간에서 할 일은 다 끝나 여유 시간이 생겼다. 그래서 오전에 작업한 내용을 노트에 적었다. 기록을 마친 후에는 수색 고문팀 사람 한 명과 양조 맥주 이야기를 나눴다. 그는 경찰에 있기 전에 군인으로 근무한 사람이었다. 어쩌다 보니 대화는 제압법에 대한 이야기로 흘러들어갔다. 그는 한두 번의 재빠른 몸놀림으로 어떻게 나를 신속하게 제압할 수 있는지 보여주며 즐거워했다. 정말 재미있고 흥미진진한 시간이었다. 그는 제압법이 얼마나 아픈지 내 몸에 가볍게 시연했다. 정말 아팠다. 내 반응을 보고 만족스러웠는지 더 보여주겠다고 했다. 내가 됐다고 했더니 웃음을 터트렸다. 휴식 시간이 끝났다. 소피가 개울 가장자리와 산울타리 조사를 마치고 돌아왔다. 몸에 흙을 묻혀가며 엎드려 작업을 했건만 찾아낸 것은 아무것도 없었다.

날이 어두워져 작업을 마무리할 시간이 됐다. 여전히 꼼꼼하게 조사할 곳이 하나 남았다. 개울을 도로 아래로 이어주는 지하배수로 근처였다. 그곳에는 쉽게 팔 수 있는 토사로 이뤄진 꽤 큰 개울둑이 있었다. 호텔로 돌아오는 길에 소피와 나는 그날 하루의 작업에 관해 이야기하며 어떤 것도 발견하지 못한 것을 아쉬워했다.

호텔은 도시 외곽에 있는 칙칙한 주요도로 위 고립된 위치에 자리 잡아서 내가 그 주변을 어정거릴 일은 없을 것 같았다. 우리는 접수 담당자에게 저녁 식사도 할 거라고 알려줬다. 집이 너무 멀어서 다음 날 아침에 다시 출근하기가 마땅치 않은 수색 고문팀 몇 명도 합류해 우리는 다섯 명이 됐다. 그 덕에 재미있는 저녁 시간이 됐다. 경찰의 삶에 관해 더 많은 것을 배울 기회였다. 과거에 그들이 담당했던 사건에 관해 많은 이야기가 오갔고, 나는 식물을 범죄 현장에서 어떻게 활용하는지에 관해 떠들었다. 저녁 식사를 하고 난 다음에는 노트북을 꺼내서 바의 조용한 구석에 편안하게 자리를 잡고 사건과 현장에 관해 더 많은 이야기를 나누었다. 우리는 그날 하루를 검토하면서 남은 일을 어떻게 이어갈지 논의했다. 한 가지는 분명했다. 도로 밑 지하배수로를 수색하려면 수중 수색팀이 필요했다. 그곳은 아주 길고, 어둡고, 상당히 위험할 것이었다. 우리는 맥주 몇 잔과 함께 대화를 나누며 서로를 조금 더 알게 됐다. 내가 현장에 나온 지도 여러 해가 지났지만 항상 이런 시간이 오면 긴장한다. 외딴 호텔에서 동성애 혐오자들과 있는 것은 그리 즐거운 일이 아니다. 다행스럽게도 내가 내 동성 파트너에 관해 말했을 때 불쾌한 표정을 짓는 사람은 없었고, 저녁 시간은 즐겁게 지나갔다. 수색 고문팀 사람들은 생활의 척박함, 긴 근무시간, 마주쳐야 하는 폭력 그리고 가족관계 유지의 어려움 등에 관해 많은 이야기를 들려줬다. 이런 이야기를 하다보면 자칫 코 비뚤어지게 술판이 벌어지기 쉽지만, 다행히도 이제 모두 잠자리에 들 시간이 됐다는 데 의견이 모였다.

다음 날 아침은 정말 바빴다. 서리가 꽤 심하게 내렸고 하늘에는 짙은 먹구름이 꿈틀거렸다. 진눈깨비와 비가 분명 더 내릴 형세였다. 나한테는 아주 좋은 실크 스카프가 있는데 가끔 아주 추운 날에는 그 스카프를 몸통 둘레에 감는다. 이 실크 스카프는 아주 아끼는 것이라 몇 년째 가지고 있다. 나는 예전에 지금은 사라져 너무나 그리운 런던레즈비언앤드게이센터London Lesbian and Gay Centre에서 일했다. 그곳에서의 일주일 중 최고의 하이라이트는 남아시아샤크티디스코South Asian Shakti disco 시간이었다. 내 스카프는 그때 드래그퀸(여장을 한 남성 동성연애자 –옮긴이) 중 한 명이 놓고 간 것이었다. 나는 남아시아의 부티 나는 물건을 잉글랜드 북쪽의 도로변 길가로 가져왔다는 데서 소소한 즐거움을 느꼈다.

이날 첫 번째 할 일은 들판을 조사하는 것이었다. 경찰이 이미 어느 정도 탐색을 한 상황이었다. 다만 작업한 곳이 어딘지를 명확히 알고 있지 않아 모든 장소를 찾는 데 시간이 좀 걸렸다. 풀밭에 암매장한 경우라면 작업하기가 살짝 까다로울 수 있다. 땅을 판 사람이 요령을 아는 경우라면 풀밭에 생긴 흔적을 아주 빨리 사라지게 할 수 있다. 경찰은 지표투과레이더와 비슷한 장치로 무장한 드론을 이용해 들판을 항공측량하려고 의뢰해놓았다. 우리는 지도에 색으로 표시한 땅 중에 매장 장소로 가장 유력한 위치를 판단하려고 했다. 일부 땅은 매장지라 하기에 너무 작았다. 범인이 시신을 토막 냈다고 추정할 만한 정보는 없었으므로 꽤 넓게 훼손된 것으로 보이는 장소에 주력했다. 하지만 피의자가 예상치 못한 일을 저질렀을 가능성도 배제할 수는 없었다.

사람의 행동을 예측해본 경험이 아주 풍부한 경찰과 법의인류학자에게도 가끔은 예상치 못한 일이 일어날 수 있다. 한 범죄과학 전문가 한 명이 경쟁자를 죽인 어느 남자의 특별한 이야기를 해준 적이 있다. 경찰은 그 남자가 범행을 저질렀다고 확신했지만, 시신을 찾을 수가 없었다. 시신이 없다고 해서 재판을 진행할 수 없는 것은 아니지만, 시신은 범죄가 어떻게 발생했는지에 관해 필요한 정보를 품을 때가 많다. 이런 종류의 정보는 유죄 선고를 이끌어내는 데도 결정적인 역할을 하지만, 형량 선고에도 대단히 중요하다. 판사가 형량을 선고할 때는 제시된 증거에 따른 희생자가 당한 손상의 정도를 고려한다. 이 손상의 정도를 이해하는 가장 좋은 방법은 시신을 조사하는 것이다. 경찰은 피의자가 시체를 유기했을 곳을 수색했지만 성인의 시신이 들어갈 만큼의 넓고 훼손된 땅을 찾을 수 없었다. 하지만 작은 땅 조각이 하나 있었는데, 대략 큰 맨홀

뚜껑만 한 크기의 땅을 판 흔적이 발견됐다. 무언가 나올 거란 기대도 없이 법의인류학자가 그곳을 조사해보자고 하자 경찰은 마지못해 그러라고 했다. 약 30분 후에 얕은 구덩이를 발견했다. 그 구덩이는 계속해서 아래로 이어졌고 결국 몇십 센티미터 깊이로 이어졌다. 하지만 아무것도 보이지 않았다. 그런데 그때 법의인류학자는 구덩이 옆쪽의 흙이 무르다는 것을 알아챘다. 옆쪽으로 파고들어간 작은 구덩이가 있었던 것이다. 그 안에서 배 속의 태아처럼 접힌 시신이 발견됐다. 놀랍게도 증인의 진술에 따르면 범인은 땅을 파는 데 두 시간도 채 걸리지 않았다. 기술도 좋아야 하지만 힘도 좋아야 가능했던 일이다.

때로는 작은 구덩이에 개인 물건이나 피에 젖은 옷을 매장하기도 한다. 항공측량에서 비정상적으로 나타나는 것은 빠짐없이 모두 확인해야 하는 이유다. 나는 들판 전체에 관해 내 나름의 평가를 시작했고, 그동안 소피와 수색 고문팀에서는 경찰에서 유력한 후보지라 여기는 도로 근처 영역에 집중했다. 나는 훼손의 흔적을 찾아 줄지어 있는 산울타리를 샅샅이 뒤졌다. 나무와 관목의 이파리들이 대체로 다 떨어져, 낙엽에 가려져 보이지 않는 땅이 많았다. 범행은 몇 달 전에 일어났는데 현장 조사 시기가 늦어진 것도 도움이 되지 않았다. 시간이 흐를수록 식물에서 훼손의 흔적을 읽어내기는 점점 더 어려워진다.

들판 주변으로 몇백 미터 정도 되는 거리를 한 바퀴 돌기만 하는 데도 두 시간 정도가 걸렸다. 들판 가장자리에는 여러 해 방치되는 바람에 블랙베리 및 가시나무 덤불이 크게 자라 사람이 들어갈 수 없는 부분이 많았다. 그 덤불 주변으로는 쐐기풀과 분홍바늘꽃**Rosebay willowherb, *Epilobium angustifolium***들이 높게 자라고 있었다. 손상을 입고 다시 자란 흔적이 전혀 없는 것으로 봐서 적어도 연초 이후로는 사람이 여기를 지나간 것 같지 않았다. 사람이 한밤중에 무거운 시신을 끌고 이곳을 지나갔다면 상당한 흔적을 남겼을 것이다.

들판 한가운데 있는 짧은 풀과 항공측량으로 찾아낸 비정상적인 땅에 조사가 집중됐다. 이상해 보이는 일부 땅은 덤불 깊숙한 곳에 있었다. 그렇다면 분명 최근에 생긴 것은 아니었다. 아마도 가축에게 물을 먹이는 통 같은 것을 놓았던 장소 등 오래전에 농사를 지을 때 생긴 흔적일 가능성이 높았다. 나는 비정상적인 부분과 관찰한 내용들을 지도와 노트에 기록했다. 들판의 상당 부분은 발목에서 허벅지 높이로 자란 사초 같은 풀들이 장악하고 있었다. 함께 발견된 골풀은 눅눅한 곳에서 자라는 경우가 많은, 풀 비슷한 식물이었다. 이 지역에서 발견된 비정상적인 땅 중 일부는 농업의 잔해나 가정집의 잔해로 밝혀졌다. 그중 하나는 풀 같은 것이 두껍게 있었는데, 이전 해에 베어놓은 풀의 잔해 같아 보였다. 이 들판은 이제 개를 산책시키러 나온 사람들이 주로 사용하고 있었고, 누군가가 산책로를 열어두려고 애를 썼던 것 같았다. 전체적으로 흥미로워 보이는 장소가 두세 개 정도 남기는 했지만 별로 기대가 되지는 않았다. 왠지 그냥 아닌 것 같았다.

추운 땅거미가 내리자, 우리는 조사를 일찍 마무리했다. 아무것도 나온 것이 없었다. 호텔로 돌아가 기본 메뉴로 식사를 했다. 나는 다시 마늘과 버섯을 먹었다. 일은 끝나지 않았다. 잽싸게 샤워를 한 후에 우리는 호텔에서 만나 그날의 수색 현황을 이야기하면서 다음 날 수색을 할 때 관련성이 있을지 모를 사건의 요소들을 다시 검토했다. 모두 조금은 실망을 했다고 말해야 할 것이다. 임시 정차용 갓길에서 멀어질수록 무언가를 발견할 가능성도 낮아질 수밖에 없었다.

◡◡◡◡◡

그다음 날은 다르게 접근해야 했다. 우리는 조림지에서 수색을 이어갈 예정이었다. 이곳은 항공측량기기나 레이더를 효과적으로 사용할 수 없었다. 나무의 가지가 시야를 가로막았고 나무의 뿌리들이 복잡한 패턴을 만들어냈기 때문이다. 이 지역은 진적으로 식물학과 소피의 경험에 달렸다. 그날 저녁 수색 고문팀은 동네 농부가 수색에 도움이 되라며 소형 굴착기를 기꺼이 빌려줬다고 말했다. 나의 내면에서 빈정대는 목소리가 이렇게 속삭였다. '아이고 친절하기도 하지. 농부는 그걸로 짭짤하게 돈 좀 만지겠군.' 우리는 이번에는 경찰을 설득하지 못하리라는 것을 느꼈다. 머지않아 굴착기가 현장에 도착할 것이었다.

식물학자의 입장에서 말하자면 조림지 조사는 지겨운 일이었다. 땅이 대부분 아이비로 뒤덮여 있었다. 봄꽃의 흔적도 몇 개 보였다. 주로 블루벨과 의심의 여지없는 블루벨의 잡종*Hyacinthoides × massartiana*(학명에서 '×'는 식물이 잡종임을 가리킨다) 등이었다. 이런 꽃은 근처 도시나 마을의 정원에서 탈출한 경우가 많다. 대부분은 죽었고, 줄기가 창백한 밀짚 색깔을 띤 지는 적어도 6개월 정도 되어 보였다. 나무 아래로는 쐐기풀, 블랙베리덤불, 허브베니트wood avens, *Geum urbanum* 등 몇 가지 다른 식물도 있었다. 이런 곳에서는 식물학적으로 어떤 감흥도 느낄 수 없다.

삼림지대를 조사할 때는 들판을 조사할 때보다 더 철저하게 지도를 작성해야 한다. 삼림지대의 지도를 그리는 것은 까다로운 일이 될 수 있다. 고정점에 관한 시야를 유지하기가 힘들기 때문이다. 모든 측정과 스케치는 고정점을 기준으로 작성된다. 고정점은 큰 나무나 전봇대처럼 풍경 속에 영구적으로 자리 잡은 큰 구조물이어야 한다. 그런 것이 있어도 숲속에서 고정점을 추적하기가 어려울 수 있다. 임시 정차용 갓길 배수로처럼 주림지도 10미터 크기의 정사각형으로 구역을 나눴다. 마흔 개가 넘는 구역이 나왔다.

우리는 도로와 들판 경계지역에서 제일 가까운 곳에 집중했다. 그곳에는 인간의 활동 흔적이 많았다. 지도가 아주 복잡해졌다. 주요도로에서 찾아온 부끄러움이 많은 여행자는 임시 정차용 갓길보다는 삼림지대 가장자리가 변소로 사용하기에 더 적당하다고 느꼈던 것 같다. 어떤 영역은 사회의식이 약한 사람들이 쓰레기장으로 이용했다. 정원사라면 세상을 아름다운 곳으로 만들고 싶어하는 사람일 텐데 그런 사람도 시골 여기저기에 쓰레기를 마구잡이로 버리고 다니는 세상이다. 숲은 무단 투기자들이 건축자재 쓰레기나 가정용 백색가전 쓰레기를 버리고 가는 인기 장소인 것이다. 우리는 이 모든 것을 기록하고 수색해야 한다.

지도를 작성하는 데는 몇 시간이 걸렸고, 그 결과를 보고 나는 조용히 속으로 만족을 느꼈다. 모눈종이의 1밀리미터 선들 위로 정교하게 원, 교차해칭, 명암 등을 그려 넣어 훼손된 영역과 그 주변 식물을 묘사했다. 결국 조사가 필요한 장소가 마흔 개 넘게 나왔다. 깃발이 충분하지 않을 수도 있었다. 이 영역들은 조사를 이어가기 전에 사진을 촬영해둬야 한다. 다행히도 거의 모든 영역을 아주 신속하게 조사해서 배제했다. 대부분 무단 투기한 쓰레기가 표면 위에 놓여 땅을 파지 않은 곳임을 아주 쉽게 확인할 수 있었다. 그리고 시체를 아래 숨길 정도로 큰 무더기는 몇 개 되지 않았다.

햇빛이 희미해질 때쯤에야 일이 끝났다. 벌써 사흘째 현장에 나왔는데 찾아낸 것이 아무것도 없었다. 우리는 호텔에서 짐을 꾸리고 나와 집으로 향했다. 증거를 찾지 못해서 실망스러웠다. 희생자의 가족과 친구가 제대로 된 작별 인사를 한다면 참 좋았을 텐데. 사무실로 돌아가면 보고서 작성을 마무리하고 우리가 그린 지도를 수집해서 촬영한 사진들과 함께 기록보관소에 보관해야 한다. 우리의 기록이 나중에 중요해질 수도 있기 때문이다. 그 기록은 우리가 무엇을 했고, 어떻게 했는지에 관한 내용이다. 만약 불행하게도 우리가 시신을 놓친 것이라면 어쩌다 지나치게 됐는지에 관한 기록으로 남을 것이다.

7장

# 영혼의 안식을 지키는 아이비

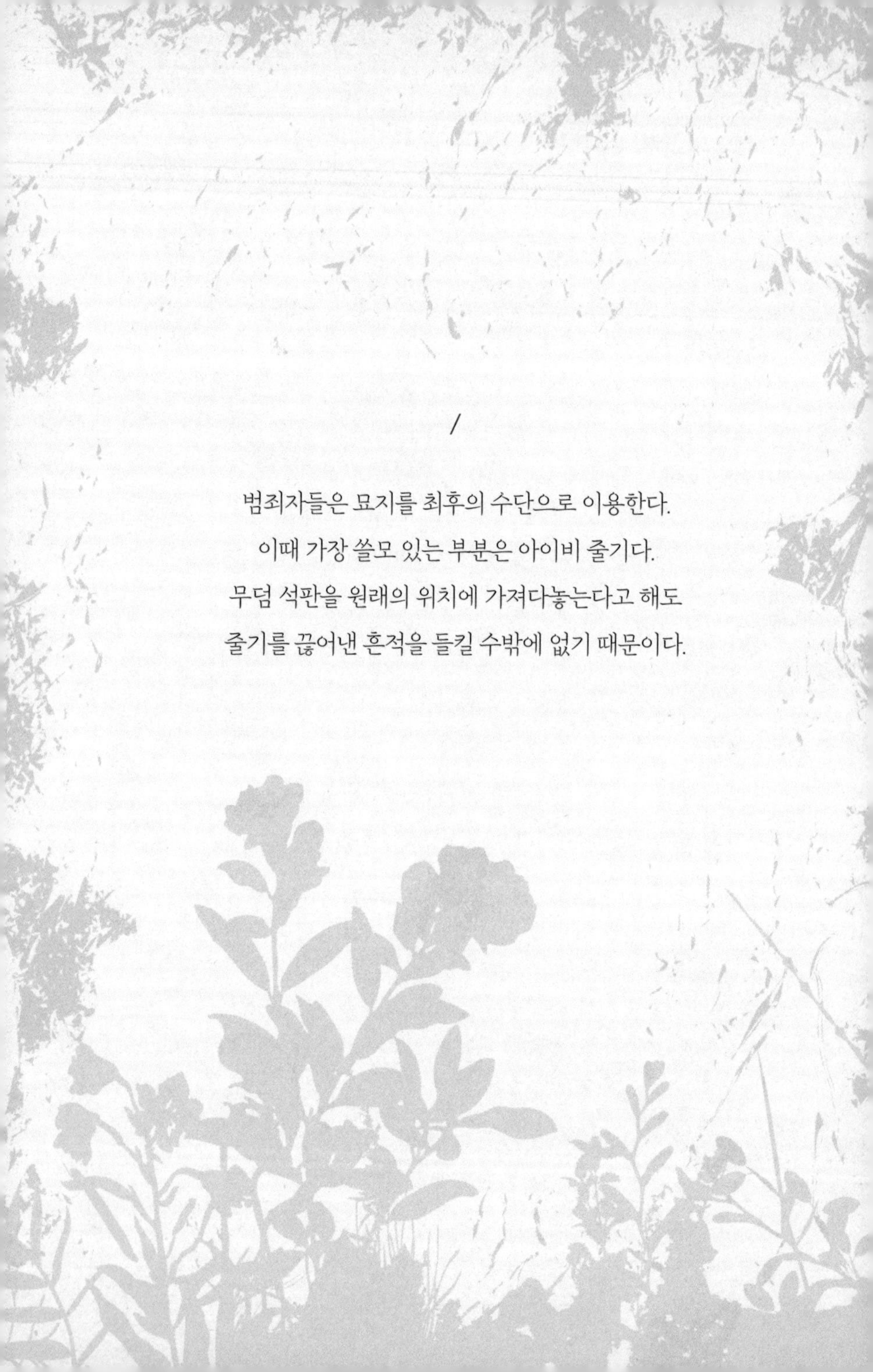

/

범죄자들은 묘지를 최후의 수단으로 이용한다.
이때 가장 쓸모 있는 부분은 아이비 줄기다.
무덤 석판을 원래의 위치에 가져다놓는다고 해도
줄기를 끊어낸 흔적을 들킬 수밖에 없기 때문이다.

임시 정차용 갓길에서 보낸 3일은 당시 진행되던 훨씬 큰 수사의 일부였다. 나는 그 후에도 주요도로를 따라 추가로 다른 장소들을 수색하기 위해 현장을 방문했다. 내가 수사에 참여한 것 중 가장 오래 진행된 복잡한 사건이었다. 경찰은 현장에 훨씬 더 오래 있었다. 현장에서 며칠 일하는 것의 강도는 실내에서 고강도로 2주 동안 일하는 것과 비슷하다. 다행히도 나는 이 일을 지속적으로 해야 할 임무가 있는 경찰과 달리, 이런 격한 경험에서 한 발 물러나 있을 수 있었다. 범죄를 수사하는 사람들에게 죽은 사람을 찾아내는 일은 어렵고 고통스러운 임무다. 우리가 처음 방문한 지 며칠 지나지 않아 경찰은 굴착기를 이용해 우리가 조사한 들판의 지면을 긁어냈다. 하지만 아무것도 발견되지 않아 경찰이나 망자의 가족들이나 실망할 수밖에 없었다. 조금 이기적인 마음이긴 하지만 속으로 나는 안심했다. 만약 내가 무언가를 놓치고 넘어간 것이 있었다면 직업적으로 망신이었을 것이다.

경찰이 굴착기를 사용하는 것은 장난감을 갖고 놀고 싶은 사내아이 같은 욕구를 드러내는 것이 아닌가 싶다. 경찰이 식물학이나 토양과학 같은 법의환경학을 노골적으로 또는 의식적으로 불신하는 것은 아니다. 하지만 그들에게는 커다란 장비를 이용해서 무언가 역동적인 일을 하고 싶은 욕구가 본능인 것 같다. 사건 현장을 맞닥뜨리면 그들의 머릿속에는 대형 해머와 너드 같은 것이 먼저 떠오른다. 내가 다른 사건을 맡았을 때 이런 욕구가 결국에는 일종의 웃음거리를 만들어내기도 했다. 사실은 위험할 수도 있는 상황이었다. 임시 정차용 갓길 사건과 비슷하게 그 사건에서도 살해당한 희생자의 시신을 수색했는데, 실종된 지 거의 10년이 지난 상황이었다. 목격자 진술에 따르면, 시신은 작은 개울이 흘러나오는 습지 옆 몇몇 저지대 들판 중 하나에 매장된 것으로 추정됐다. 그 개울을 둘러싼 땅은 거대한 블라망주(우유에 과일향을 넣고 젤리처럼 만든 디저트 –옮긴이) 같아서 그 위를 걷는 것조차 쉽지 않았다. 우리의 만류에도 경찰은 지역 농부에게 도움을 요청했다. 그 농부는 분명 진행되는 일에 매력을 느꼈고, 자기도 뭔가 해서 강한 인상을 남기고 싶어했다. 하지만 농부가 가져온 작은 굴착기는 도착하자마자 습지에 빠져버렸고, 하마터면 넘어져 처박힐 뻔했다. 이 굴착기를 끌어내야 해서 작은 트랙터가 동원됐는데 그 트랙터 역시 빠졌다. 결국에는 굴착기를 끌어내기 위해 차량 세 대가 사슬로 엮이는 우스꽝스러운 장면이 연출됐다. 이 일이 끝날 즈음에는 현장에 진흙이 여기저기 튀어 난장판이 되고 말았다. 내가 이 일을 떠올리는 이유는 그 일에 관여했던 사람들을 조롱하기 위함이 아니다. 조금은 그런 조롱을 받아도 싼 사람들이지만 말이다. 간단한 문제에 복잡한 해결책을 구하려는 인간의 안타까운 경향을 강조하려는 것이다. 그 일은 장화 몇 켤레와 약간의 인내심만 있으면 충분히 해결될 문제였다.

경찰은 마약이나 불법무기 같은 밀수품을 숨기려는 사람들의 생각을 예측하기 위해 신뢰성 있는 기법을 개발했다. 이런 기법은 사람들이 자신의 행동을 숨기려 할 때 외부 환경에서 어떻게 행동하는지 연구한 내용을 바탕으로 만들어졌다. 수사관들은 사체유기가 일어났을 가능성이 높은 장소를 평가하는 수단으로 물, 나무, 땅의 지형과 광원 같은 환경의 특성을 고려한다. 놀랄 일도 아니지만 이들은 이런 구체적인 지식과 경험을 공유하는 일에는 별로 관심이 없다. 그리고 대부분의 수색 계획도 경찰 내에서 자체적으로 결정한다.

이제 내가 처음 임시 정차용 갓길 사건을 맡은 지 몇 년이 지났다. 그리고 경찰은 아직도 수색을 이어가고 있다. 다행히도 살인범은 이제 철창 신세를 지고 있다. 그의 범죄가 정말 끔찍했기 때문이다. 앞에서도 이야기했지만 이 수사는 증인 진술에 크게 의존했다. 증인들은 아무리 노력을 해도 스트레스를 받는 상황에서는 일부 정보를 쉽게 잊어버릴 수 있다. 살인 같은 중범죄를 저지르는 것은 대단히 스트레스가 많은 일이다. 게다가 범인의 머릿속은 자기가 처한 곤경의 해결책을 찾기 위해 정신없이 돌아간다. 그래서 구체적인 상황에 집중하느라 어떤 부분은 잘 기억하는 반면, 다른 부분들은 잊어버리거나 왜곡한다. 그리고 범인들은 희생자가 발견되는 것이 자신의 이익에 부합하지 않는다고 믿는 경우가 많고, 경찰을 잘못된 길로 유도하면서 우월감이나 재미를 느끼기도 한다. 그 결과 신뢰할 수 없는 증언 때문에 수색 작업이 엉뚱한 장소에서 진행되고는 한다.

나는 임시 정차용 갓길 사건의 희생자를 자주 떠올린다. 그 여성이 아직도 저 바깥 어딘가에 혼자 누워있을 것이고, 가족도 망자를 맘 편히 떠나보내지 못할 거라 생각하면 슬퍼진다. 우리는 최선을 다했다. 시신이 있다고 생각되는 도로나 임시 정차용 갓길은 빠짐없이 수색했고, 필요하면 땅도 팠다. 바라건대 언젠가는 반전의 계기가 생겨서 경찰이 수색에 성공하면 좋겠다. 그리고 부디 나도 그 자리에서 함께하며 내 눈으로 확인하고 싶다.

범죄자들은 종종 묘지를 자신의 행동을 숨길 최후의 수단으로 이용한다. 무덤과 묘비는 훔친 물건, 총, 마약, 살인 희생자의 시신을 숨겨놓을 이상적인 장소로 여겨지기도 한다. 범죄자의 입장에서 묘지는 편리한 점이 있다. 몇 집이라도 사람이 모여 사는 거주지에는 사실상 묘지가 적어도 하나씩은 있기 때문이다. 당신이 방금 누군가를 죽였다고 상상해보자. 시간은 새벽 두 시고 당신은 그 희생자를 신속히 숨겨야 할 상황이다. 그럼 동네 묘지는 훌륭한 후보지가 될 가능성이 높다. 대부분의 묘지는 나무가 많아서 시선을 피하기가 용이할 뿐만 아니라 보통 조명도 별로 없고, 어두워지고 난 다음에는 죽은 사람은 몰라도 산 사람들은 별로 찾아오지 않기 때문이다. 창이 묘지를 향해 나 있는 집도 그리 많지 않다. 대부분의 사람은 묘지를 내려다보기를 좋아하지 않기 때문이다. 그리고 다양한 돌무덤과 장식물이 있어서 사람들의 시선을 피해 희생자의 시신을 처리할 기회가 많다.

무덤에는 죽은 시신이 많기 때문에 시체탐지견이 희생자의 시신을 찾기가 어려울 거라는 믿음도 있다. 시체탐지견은 다양한 사건의 해결을 돕는다. 살인사건 수사만 돕는 것도 아니다. 사람들이 사망했을 거라고 믿는 실종 인물의 위치를 찾을 때도 사용된다. 특히 해일이나 지진 같은 자연재해나 테러리스트 공격 같은 잔혹 행위의 해결도 돕는다. 보통 셰퍼드나 래브라도 종인 시체탐지견은 훈련을 통해 부패하는 사람 냄새를 알아차리는 법을 배운다. 이 훈련은 보통 2년 정도 걸리며 다양한 출처의 냄새를 이용해 이뤄진다. 인공적인 냄새를 사용하기도 하고, 기증받은 사람의 뼈나 태반 냄새를 사용하기도 한다.

적법하게 매장된 시신이 깔려있으면 그 위로 암매장된 시신의 냄새가 가려지는지는 확실치 않다. 우리는 아직 냄새를 만들어내는 휘발성 유기화합물이 어떻게 토양에 스며들고, 어떻게 공중에 퍼지고, 어떻게 서로 다른 토양 조건, 기온과 습도 같은 다른 환경 요인에 반응하는지 잘 모른다. 시신과 거기에 붙어있는 미생물 공동체는 수백 가지 휘발성 유기화합물을 내뿜는다. 그중 가장 잘 알려진 것은 푸트레신, 카다베린, 스카톨, 인돌이다.

스카톨과 인돌은 낮은 농도에서는 기분 좋은 꽃향기를 낸다(고농도에서는 대변 냄새를 낸다. 사실 대변 냄새의 주성분이다 -옮긴이). 합성된 스카톨은 시빗civet(사향고양이에게서 얻는 사향액 -옮긴이)의 대용품으로 또는 백단향sandalwood과 결합해서 향수의 제조에 사용되기도 한다. 아이스크림 같은 음식에 풍미를 더할 때도 사용되고, 담배에 첨가하기도 한다. 정원을 정성 들여 가꾸는 사람들의 경우, 재스민이나 오렌지꽃의 자극적인 향기를 들이마실 때마다 스카톨을 들이마시는 것이다. 스카톨에 끌리는 곤충 집단도 많다. 특히 파리, 딱정벌레, 수컷 난초꿀벌이 스카톨 냄새를 좋아한다. 식물들은 이 꽃가루받이 곤충들을 끌어들이기 위한 수단으로 스카톨을 만들어낸다. 그러니 적절한 처리 과정을 거쳐 관 속에 들어가 2미터 깊이에 묻힌 시신의 냄새가 지면에 훨씬 더 가까이 있는 시신의 냄새를 가려주리라는 희망은 아마도 지나치게 낙관적인 생각일 것이다. 그런데도 사람들은 그렇게 믿고 싶어한다.

시체탐지견도 사람처럼 실수를 한다. 몇 년 전에 나는 남자 친구에게 살해당한 후 함께 살던 집 근처 공원에 매장된 것으로 예상되는 시신을 찾아야 했다. 소피와 함께 몇 시간 동안 공원을 조사하고 흥미로운 영역들을 찾아낸 후에 시체탐지견을 이용하면 수색이 더 효율적일 거라 판단했다. 개는 오래 일을 하다보면 피곤해하거나 집중력이 떨어지기 때문에 일하는 시간에 제한을 둔다. 그래서 가장 효율적으로 시간을 활용하도록 교대로 일하게 한다.

만족스럽게도 시체탐지견이 소피와 내가 유력하게 꼽는 몇몇 장소에서 강한 반응을 보였다. 하지만 어느 정도 의심스러운 부분은 남았기 때문에 이야기를 좀 나눈 후에 가장 유력한 장소를 오거auger로 탐색하기로 결정했다. 오거는 길이가 30에서 60센티미터 정도 되는 코르크 마개뽑이라고 할 수 있다. 이것으로 땅에 구멍을 내면 휘발성 유기화합물이 더 많이 방출되기 때문에 시체탐지견이 더 쉽게 감지할 수 있다. 이런 형태의 탐색에 관해서는 논란이 있다. 화합물의 휘발성이 기온과 습도 같은 환경조건에 크게 좌우되는 것으로 보여, 오거가 효과적일지는 불분명하기 때문이다. 그보다 더 중요한 부분은 증거 또는 수색 대상인 시신이 오거에 손상을 입을 수 있다는 점이다. 당연한 일이지만 소피는 이런 수색 방식을 좋아하지 않기 때문에 오거 사용을 강하게 반대했다. 범죄수사팀의 일부가 되려면 상당한 인내심과 외교력이 필요하다. 결정이 다른 곳에서 내려질 때도 많아서 그런 결정을 그대로 받아들이고 자신이 할 수 있는 최선을 다해 일을 진행할 필요가 있다. 소피와 나는 가끔 이런 점에서 상당히 어려움을 느낄 때가 많다. 둘 다 외교적 수완이 뛰어난 사람은 아니기 때문이다.

우리는 오거를 사용하자는 결정을 마지못해 받아들였다. 우리는 논의한 내용과 그 결과 그리고 우리의 관점을 부지런히 기록해뒀다. 모든 장소를 오거로 뚫은 다음, 우리는 새로 노출된 흙에서 가스가 솟아나도록 30분 정도 기다렸다. 그리고 다른 개 한 마리를 데리고 왔다. 이 장소 중 한 곳에서 개가 강한 반응을 보였고, 우리는 그곳을 파보기로 뜻을 모았다. 그 시점까지는 그 지역을 비공식적으로 조사했지만, 이제는 잠재적 범죄 현장으로 선언하기로 했다. 한 장소를 잠재적 범죄 현장으로 선언하면 세부적인 부분과 기록에 쏟는 관심의 수준이 격상된다. 접근 저지선이 설치되고, 직접 현장에서 작업을 해야 하는 사람만 그 안으로 출입이 허락된다.

범죄과학 분야에서 일하는 사람 대부분이 범죄드라마를 보며 공통적으로 싫어하는 부분이 있다. 복장도 제대로 갖춰 입지 않은 수사반장이 유유자적하게 저지선을 넘어가고 시신을 보호하는 텐트를 드나드는 장면이다. 심지어는 몸을 구부려 무언가를 뒤집기도 한다. 그것도 볼펜을 가지고 말이다! 잘 관리되는 범죄 현장이라면 이런 일은 절대 일어날 수 없다. 그랬다가 감독관에게 눈깔이나 뽑히지 않으면 다행이다. 현장에서는 누가 됐든 제일 먼저 자신의 신분을 밝히고 출입 기록을 작성해야 한다. 이런 부분은 저지선에서 출입 관리 임무를 맡은 경찰이 확실하게 챙길 것이다. 그리고 범죄 현장에 접근하기 전에 보호복을 먼저 착용해야 한다.

온몸을 뒤덮으며 움직일 때마다 바스락거리는 이 일회용 하얀색 통옷은 아주 중요한 목적을 가진다. 범죄 현장이 다른 데서 온 물질에 오염되는 것을 막아주는 것이다. 어느 정도까지는 착용자를 보호하는 역할도 한다. 나는 이 보호복을 입으면 중요한 인물이 된 기분과 살짝 우스꽝스러운 꼴이 된 기분을 동시에 느낀다. 이 복장을 입으면 부담스러운 점이 많다. 귀가 잘 들리지 않아서 한동안은 "뭐라고요?" "죄송합니다. 지금 잘 안 들리거든요" 같은 말을 하고 싶은데 참느라 혼이 난다. 옷감이 쉬지 않고 바스락거리기 때문에 이런 현상은 더 심해진다. 나는 일을 할 때 안경을 쓰는데 마스크 때문에 내가 뱉은 호흡으로 안경에 김이 서리기 일쑤다. 겨울에는, 특히나 바람이 셀 때는 그래도 한 겹을 더 입은 것이라 고마운 기분이지만, 여름에는 온몸이 땀으로 젖어 지옥이 따로 없다.

우리는 이제 잠재적 범죄 현장에서 작업을 하기 때문에 사진을 촬영하고, 지도를 그리고, 하나하나 활동을 기록하면서 해당 위치에 관해 더 자세한 보고서를 작성하느라 꽤 시간을 보냈다. 소피가 작은 흙손(납작한 쇠붙이에 자루를 붙인 공구로 흙, 시멘트 등을 미장 바름 할 때 사용한다 -옮긴이)으로 지면을 긁기 시작했다. 이렇게 긁어낸 흙은 한쪽으로 치운 후에 잠재적 증거가 들었는지 꼼꼼하게 검토해야 한다. 소피는 기존에 누군가 파냈던 구덩이의 가장자리를 발견했다. 대략 가로 40센티미터, 세로 30센티미터 정도 되는 구덩이였다. 나는 법의인류학자와 법의고고학자forensic archaeologist가 구덩이를 파낼 때 아주 가까이에서 함께 작업한 적이 있는데, 그때마다 훼손된 적이 없는 흙과 예전에 누가 파냈다가 지금은 다져진 흙을 구분해내는 그들의 능력에 탄복했다. 그들의 손목은 엄청나게 예민해서 흙손을 움직일 때마다 구덩이의 가장자리를 손상시키지 않으면서 그 위치를 대번에 알아냈다. 나는 뿌리를 파내야 할 때마다 이런 동작을 흉내 내보는데 아주 예술이다.

한 30분 정도 후에 작은 분홍색 수건 조각이 눈에 들어왔다. 경험이 많은 형사, 감독관 또는 수사팀의 다른 사람들에게도 이 순간은 긴장되는 시간이다. 절제된 흥분이 공기 중에 감돈다. 전문가 모두 희생자가 발견되기를 희망하고, 평범한 사람들처럼 앞으로 일어날 일에 관한 기대감이 있다. 누군가가 살해됐다는 사실을 확인하는 것이 좋은 일은 아니다. 그냥 단순히 실종된 것이었으면 하는 바람이 항상 있기 마련이기 때문이다. 구덩이의 크기가 작고, 수건 꾸러미가 차츰 드러나면서 우리는 희생자가 토막 살인을 당했을 가능성을 고려하게 됐다.

어느 면으로 봐도 토막 살인된 시신을 찾는 것은 전신이 온전한 시신의 경우보다 훨씬 어렵다. 수사팀은 모든 시신 조각을 빠짐없이 찾아내야 한다. 시간도 많이 걸리고 완수하기가 정말 어려운 일이다. 매장한 장소가 한 곳이 아닐 때는 특히나 그렇다. 토막 살인당한 시신은 해석하기도 복잡하다. 뼈나 조직에 가해진 훼손이 사망 당시에 생긴 것일 수도, 사망 이후에 생긴 것일 수도 있기 때문이다. 시신이 쥐나 여우 같은 동물에 훼손되는 경우도 꽤 많다. 사건을 이해하려면 이런 훼손이 어떻게 일어났는지 반드시 이해해야 한다. 그리고 당연한 이야기지만 사랑하는 사람이 죽기 전에 이런 일을 당했다는 것을 알게 되면 산 사람들은 더 괴로운 법이다.

수건 꾸러미가 점차 드러나면서 그 가장자리에서 금발 머리카락 가닥들이 삐져나와 보였다. 이 여성이 실종되기 전에 머리카락 색깔이 무엇이었는지에 관한 이야기가 오갔다. 확실하게 아는 사람은 없었다. 이제 소피는 마침내 수건 꾸러미를 구덩이에서 들어 올려 펼치기 시작했다. 우리는 극도로 긴장했다. 하지만 수건을 부드럽게 잡아당기는 순간 모두 파도처럼 밀려오는 실망감을 느꼈다. 수건 꾸러미 안에는 작은 개 한 마리가 있었다. 실패라는 생각이 밀려들었다. 우습게도 몇 시간 동안 누군가의 개 무덤을 팠던 것이다.

슬프게도 개의 시체를 그 무덤으로 되돌려 보낼 수는 없었다. 가져가서 처분해야 했다. 공원은 범죄가 많이 일어나는 곳인데, 그곳에 개를 묻어두면 나중에 다른 수사를 할 때 자원 낭비를 가져올 수 있기 때문이다. 이제 소피에게는 두 가지 임무가 남았다. 첫째, 개의 시체 아래로 아무것도 묻히지 않았다는 것을 확인해야 했다. 그래서 그녀는 구덩이 바닥에 닿을 때까지 계속 땅을 팠다. 아무것도 나오지 않았다. 이런 부분을 꼭 확인해야 하는 이유는 범인이 시신을 동물의 사체나 적법하게 매장한 시신 아래 묻는 경우가 있기 때문이다. 발굴에 관한 자세한 기록도 남겨야 했다. 불필요한 일로 보일 수도 있지만 부정적인 결과가 나온 경우에도 그 부분에 관해 반드시 설명이 있어야 한다. 우리가 오류를 저지르거나 결정적인 증거(또는 시신)를 놓칠 가능성은 언제나 존재한다. 행동을 기록으로 남기는 것은 우리의 능력껏 최선을 다해 일이 진행됐음을 입증하는 열쇠다. 이 이야기가 보여주듯 전문가나 시체탐지견이라도 실수를 저지른다. 하지만 모두 그런 실수를 통해 배운다.

◡◡◡◡◡

몇 년 전에 스스로의 범죄과학 수사 능력에 관해 의심이 들어 고생한 적이 있다. 일에서 한 가지 아주 어려운 부분은 내가 담당하는 사건들이 하나같이 여러 모로 익숙하지 않은 상황에서 이뤄진다는 점이다. 각각의 사건이 모두 다르다. 사람들이 서로에게 저지르는 끔찍한 일들도 다양하지만, 그런 일이 일어나는 상황도 항상 둘도 없이 독특하다. 인공적으로 구축된 환경 밖에서 일어난 사건이면 이 시나리오가 더 복잡해진다. 자연은 훨씬 복잡하기 때문이다. 내가 작업하는 환경과 식물 들은 어떤 방식으로든 매번 다르다. 그래서 새로운 현장에 접근할 때는 불확실성에 휩싸이는 순간이다. 현장에 도착하면 사람들이 내가 도착하기를 기다렸다는 느낌이 든다. 수사팀이 풀지 못한 뜨거운 쟁점을 해결하기 위해 내가 완전한 준비를 마치고 왔으리라는 기대가 느껴진다. 때로는 그런 기대 때문에 내가 이 일을 할 능력이 되는지 걱정이 될 때가 있다. 보통 이런 감정은 자신감이 떨어져서 생긴다. 경력이 쟁쟁한 사람들에 둘러싸이면 정말 주눅이 들기 때문이다. 특히나 범죄 현장에서라면 더욱 그렇다! 소피가 친절하게도 그런 기분은 느낄 필요 없다고 말해줬다. 소피는 대부분의 형사들도 자연환경이나 식물과 관련된 중범죄는 경력 기간 중에 한두 번 만날까 말까 하다고 지적했다. 대부분의 중범죄는 인공적으로 구축된 환경 안에서 일어나고, 대부분의 살인 희생자는 사망한 날에서 길어야 며칠 안으로 발견된다. 자신감이 흔들리던 그 당시조차 이미 이런 자연환경에서 일어난 중범죄를 스무 건 정도 담당해본 상태였으니, 그들과 비교하면 나는 노련한 고참이었다! 경험을 쌓아가면서 그런 느낌은 차츰 사라졌지만, 나는 행여 그 자리를 자만심이 대신하지 않을까 조심한다.

지난 몇 년 동안 좋지 않은 관습을 접하게 되면 이상하게 위축되기 시작했다. 대부분의 경찰 인력 그리고 어느 정도는 일부 범죄과학 서비스 제공업체도 갖고 있는 문제 중 하나는, 이런 종류의 사건이 상대적으로 드물기 때문에 이들도 항상 이런 사건에 대처할 준비가 되어있지 않다는 점이다. 잉글랜드와 웨일스의 많은 교회 묘지가 어디에 누가 매장되어 있는지에 관한 정확한 정보를 갖고 있지 않다는 것이 나에게는 꽤 큰 충격으로 다가왔다. 매장한 지

몇백 년 된 경우라면 그리 놀랄 것이 없겠지만 최근에 매장한 경우도 마찬가지였다. 보통 영국식 교회 묘지에서 요구하는 조건은 본국법, 영국 국교회의 전통, 지방당국이 제정한 규칙 그리고 다른 많은 세속적·종교적 단체의 관습들을 누더기처럼 이어 붙여놓은 것들이다. 대개 묘지 지도 관리의 책임은 지방당국이 맡는다. 내기 보기에 이런 관습은 범죄수사를 담당하는 사람들에게는 전혀 도움이 안 되는 기이한 관습이다.

10대 청소년이 소아성애자에게 죽임을 당한 미제사건이 있었는데, 새로운 증인이 나타나 경찰에 신뢰할 만한 정보를 제공한 덕에 몇 년 만에 수사가 재개됐다. 주요 수색 지역 중 하나는 동네 교회였다. 이 교회의 묘지는 몇백 년 된 것이었고, 아주 최근에 생긴 무덤을 제외하면 교회 담당자는 경찰에게 20세기에 생긴 무덤과 관련해서 아무 정확한 정보도 제공할 수 없었다. 그 결과 경찰은 교회 묘지 전체가 시신이 묻힌 잠재적 장소라 가정해야 했다.

경찰 그리고 경찰과 함께 사건을 맡은 범죄과학 업체에서 나에게 시신을 찾아내는 일을 도와달라고 요청했다. 이런 사건에서는 살인사건 희생자의 위치를 찾는 데 식물이 유용한 도구가 될 수 있지만 한계가 있다. 보통 식물 훼손의 흔적은 시간과 함께 줄어들다가 2년이나 5년 후에는 사라지고 만다. 이번 사건은 대략 30년이

나 지났다. 게다가 묘지는 일반적으로 적극적인 관리가 이뤄지고, 지속적인 활동도 많다. 사람들은 사랑했던 이들을 찾아와 무덤에 식물이나 작은 관목을 심는다. 묘지 관리 직원은 잔디를 깎고, 나무와 덤불을 가지치기한다. 묘지를 아직 사용하는 경우에는 매장도 일어난다. 사람의 활동이 아주 복잡하게 여기저기서 일어나 불법적인 행동의 흔적을 찾아내기가 아주 어려워진다. 나는 도움이 될지도 모를 흔적을 찾기를 바라며 첫날을 보냈지만 실망스러운 하루였다. 도움이 될 만한 것을 찾을 수 없었다. 내가 아는 바로는 시신을 아직 찾지 못해 끔찍하게도 그 가족이 여전히 이도저도 아닌 애매한 상태로 기다린다고 한다.

다른 사건으로 빅토리아시대의 아주 큰 지방정부 묘지를 여기저기 걸어 다니며 3일을 보낸 적이 있다. 나는 범죄조직에게 고문을 당하다 숨진 사람을 경찰과 함께 찾았다. 희생자는 지난 6개월 안에 살해된 것으로 보였다. 피곤한 날들이 이어졌다. 한여름이어서 찜통처럼 더운 데다 시간도 엄청나게 많이 잡아먹는 일이었다. 나는 지도를 손에 들고 훼손된 흔적을 찾아 1만 개가 넘는 무덤을 조사했다. 만약 희생자가 묘지 안에 있다면 발견될 가능성이 꽤 있었다. 대부분의 무덤은 간단한 묘비로 표시되어 있었다. 이런 무덤에서는 잔디에 가해진 손상의 흔적이나 무덤 표면에 깔아놓은 자갈을 건드린 흔적을 찾아다녔다. 무언가 흥미로운 것이 보일 때마다 묘지 지도 복사본 위에 기록했다.

몇몇 무덤은 크기가 너무 컸다. 하나의 커다란 석판으로 이뤄졌거나, 정교한 상자형 돌무덤chest tomb이었다. 범죄자들은 상자형 돌무덤을 선호하기도 한다. 무덤을 덮은 석판을 한쪽으로 밀어두고 희생자의 시신이나 밀수품을 그 안에 넣은 후에 다시 덮을 수 있기 때문이다. 수색팀의 임무 중 하나는 이런 무덤에서 훼손의 흔적을 조사하는 것이었다. 그들은 최근에 석판에 부서진 부분이 있다거나 쇠지렛대 같은 도구에 긁힌 흔적처럼 눈에 잘 보이는 흔적이 있으면 지도에 표시했다. 그동안 나는 식물에 가해진 손상을 찾아다니면서 식물학의 묘기를 선보였다.

아이비는 가장 풍부하고 생태학적으로 중요한 야생식물 겸 재배식물 중 하나다. 다양한 무척추동물의 꿀 공급원으로서도 어마어마한 가치를 가진다. 아이비는 묘지에 풍부한 경우가 많아서 땅, 나무둥치, 묘비 등을 뒤덮는다. 우리의 기준에서 보면 아이비는 아주 이상한 식물이다. 이 섬나라에서 야생식물 중에 성장하면서 강력한 이형태성dimorphic을 보이는 것은 아이비밖에 없다. 이형태성이란 서로 구분되는 두 가지 다른 단계를 거치며 성장한다는 의미다. 발육단계juvenile stage의 아이비는 길고 가늘고 구불구불한 줄기로 이뤄진다. 이 줄기는 일반적으로 표면에 가까이 납작하게 눌려 붙어있다. 그리고 줄기 한쪽을 따라 짧고 미세한 뿌리를 가진다. 이 뿌리는 일반적으로 닿는 것은 무엇이든 그 위로 단단하게 달라붙기 때문에 식물이 벽을 타고 기어오르는 것을 도와준다. 성체단계adult stage에서는 이런 구불구불한 성장이 일어나지 않고 일반적인 덤불과 비슷하게 무성한 형태로 자란다. 이 단계에서는 꽃 그리고 궁극에 가서는 열매가 열리는 가지가 생긴다. 꽃이 핀 아이비는 아주 다양한 곤충을 위한 최고의 먹이공급원 중 하나다. 아이비가 꽃을 피우게 하자!

내게 가장 쓸모 있는 부분은 발육단계의 아이비 줄기다. 아이비로 뒤덮인 무덤 석판은 줄기를 끊어내지 않고는 움직일 수 없다. 석판을 조심스럽게 원래의 위치에 가져다놓는다고 해도 그 흔적을 들킬 수밖에 없다. 자연사학자들은 오래된 묘지가 야생생물의 안식처이며 상자형 돌무덤은 특히나 좋은 서식지일 때가 많다는 것을 안다. 이곳에는 이끼, 우산이끼, 지의류뿐만 아니라 양치류나 기분 좋은 다육질의 자반풀navelwort, *Umbillicus rupestris* 같은 큰 식물들이 풍성한 공동체를 이뤄 살 수 있다. 이런 복잡한 공동체에는 또한 물곰이라고도 하는 완보동물tardigrade, *Milnesium tardigradum* 등 다양한 소형 동물도 모여든다.

무덤이라고 다 훌륭한 서식지는 아니다. 반질반질하게 연마한 대리석과 점판암 표면은 세균을 제외하면 다른 생물들에게는 집이 되어주지 못한다. 일반적으로 거칠게 잘라낸 석회암과 화강암이 생명이 붙어살 최고의 틈새들을 제공해준다.

대부분의 지의류, 이끼, 우산이끼는 작고 상대적으로 단순한 구조의 포자로 삶을 시작한다. 포자는 대부분 물이나 공기를 통해 퍼져나간다. 각각의 포자는 직경이 100분의 1밀리미터도 되지 않는다. 이 포자들은 대부분 성체가 되지 못하고 바이러스에게 죽거나, 게걸스러운 완보동물 같은 포식자에게 먹힌다. 햇빛 속 자외선에게 당하거나 말라 죽는 경우도 많다.

포자가 살아남아 성장하기 시작하면 표면에서 모든 방향으로 동시에 퍼져나가면서 차츰 커진다. 1년이 가고, 10년이 지나면서 이 생명체는 점차 크기를 키워 보통은 대략 원형에 가까운 형태로 자라난다. 바깥 가장자리가 제일 어린 부위고, 중앙이 제일 늙은 부분이다. 특히나 오래된 개체에서는 중심 부위가 죽기 시작하면서 반지 모양이 만들어진다. 이 이끼 조각들이 한 무덤 석판 가장자리에 형성되면 함께 맞닿은 석판의 표면으로 넘어가 성장하면서 석판과 석판 사이의 틈새를 생물학적으로 봉인하게 된다. 아이비와 마찬가지로 이 봉인을 찢지 않고는 상자형 돌무덤의 뚜껑을 한쪽으로 치우기가 불가능하다. 이끼 군집은 찢어지게 될 것이고, 뚜껑을 원래 자리로 되돌려놓는다고 해도 찢어진 이끼 군집이 원래대로 정렬될 가능성은 대단히 낮다.

이틀 정도 마음을 졸이며 왔다 갔다 한 끝에, 내 지도에는 훼손의 흔적이 있다고 생각되는 무덤 서른 개 정도가 점으로 찍혔다. 관찰한 것을 경찰 수색팀과 법의인류학 동료들이 만든 것과 교차 참조해봤다. 그러고 나서 우리는 가능성이 높아 보이는 순서를 매겼다. 제일 먼저 조사한 무덤은 커다란 빅토리아시대의 상자형 돌무덤이었다. 이 무덤에는 어쩌면 수색에 성공할지도 모른다는 느낌을 주는 몇 가지 흔적이 있었다. 석회암 위에 근래 들어 긁힌 듯한 흔적이 있었고, 아이비와 맞닿은 식물의 일부 그리고 맞닿은 석판 위에서 동심원을 그리며 자란 지의류가 찢겨 나가서 배열이 맞지 않았다. 이 모든 것을 꼼꼼하게 기록했다.

뚜껑 석판은 아주 무거워서 팔과 허리힘이 좋은 사람 몇 명이 달라붙어야 움직였다. 안쪽 공간은 텅 비었고, 수십 년 묵은 거미줄과 용케 틈새로 들어온 이상한 이파리만 있었다. 바닥은 햇빛을 받지 못하고 수분도 없는 파삭파삭한 흙으로 뒤덮여 있었다. 여러 해 동안 사람의 손길이 닿지 않은 상태였다. 우리는 실망 속에 한숨을 내쉬며 기록을 마무리하고 다음 무덤을 향했다. 그렇게 비슷한 과정으로 무덤을 하나씩 조사해나갔고, 결국 목록의 끝에 도달했다. 아무것도 찾지 못했다. 실패였다.

실패는 참 가혹한 말이지만, 우리는 실패와 더불어 살아야만 한다. 동료들과 나는 실패를 밥 먹듯이 한다. 사람을 찾기는 아주 어려운 일이라 대부분의 수색이 결국은 실패로 끝난다. 그 후로도 경찰이 다른 장소들을 수색했지만, 살인사건으로 변질된 암흑가 폭행사건의 희생자를 아직 찾지 못한 것으로 알고 있다. 범죄수사에 참여하는 모든 사람은 실패를 단단히 각오해야 한다. '미제사건'이라고 하면 대중은 어떤 흥분과 전율을 느끼지만, 그것은 그저 우리가 실패했다는 의미일 뿐이다. 지금까지는 말이다. 1986년 7월 28일 런던 서남부 풀럼에 있는 한 아파트 바깥에서 행방불명되어 살해당한 것으로 추정되는 부동산 중개인 수지 람플러Suzy Lamplugh의 사건처럼 오래된 유명한 사건들은 대중을 매료시키지만, 살아있는 가족이나 친구들에게는 엄청난 고통을 준다. 수지가 사라지고 거의 25년이 지난 후에 경찰은 우스터셔주 퍼쇼어 근처에 그 시신이 매장되어 있을 가능성이 있다는 정보를 확보했다. 한 목격자가 수지가 사라졌을 즈음에 들판에서 의심스러운 흙더미를 본 것을 기억해냈다. 그 들판은 버려진 군막사에서 몇 킬로미터 떨어진 곳에 있었다. 주요 용의자인 존 캐넌John Cannan이 수지의 시신을 그곳에 묻었다는 보고가 나오면서 2000년과 2001년에 그 지역에서 수색이 이뤄졌다. 하지만 지표투과레이더와 두 명의 범죄과학 전문가를 동원한 결과, 아무것도 발견되지 않았다.

살인사건의 희생자를 찾는 것은 아주아주 복잡한 일인 경우가 많다. 한 가지만 실수해도 성공의 가능성은 급속도로 줄어든다. 이것을 보여주는 분명한 사례가 목격자 증언에 의지하는 경우다. 이 증언이 범인이나 그 공범의 증언인 경우도 많다. 경찰에 진실을 말해 수색팀을 희생자에게 안내하는 것은 보통 그들의 이해관계와 어긋난다. 정보가 잘못됐거나 오류가 있으면 당연히 시신을 찾아낼 가능성은 낮아진다. 하지만 실패도 일종의 성과다. 우리가 놓친 것만 아니라면 희생자가 그 장소에 없음을 확인했으니까. 그런 식으로 수색은 계속된다.

8장

# 꽃가루는 말한다, 당신이 현장에 있었다고

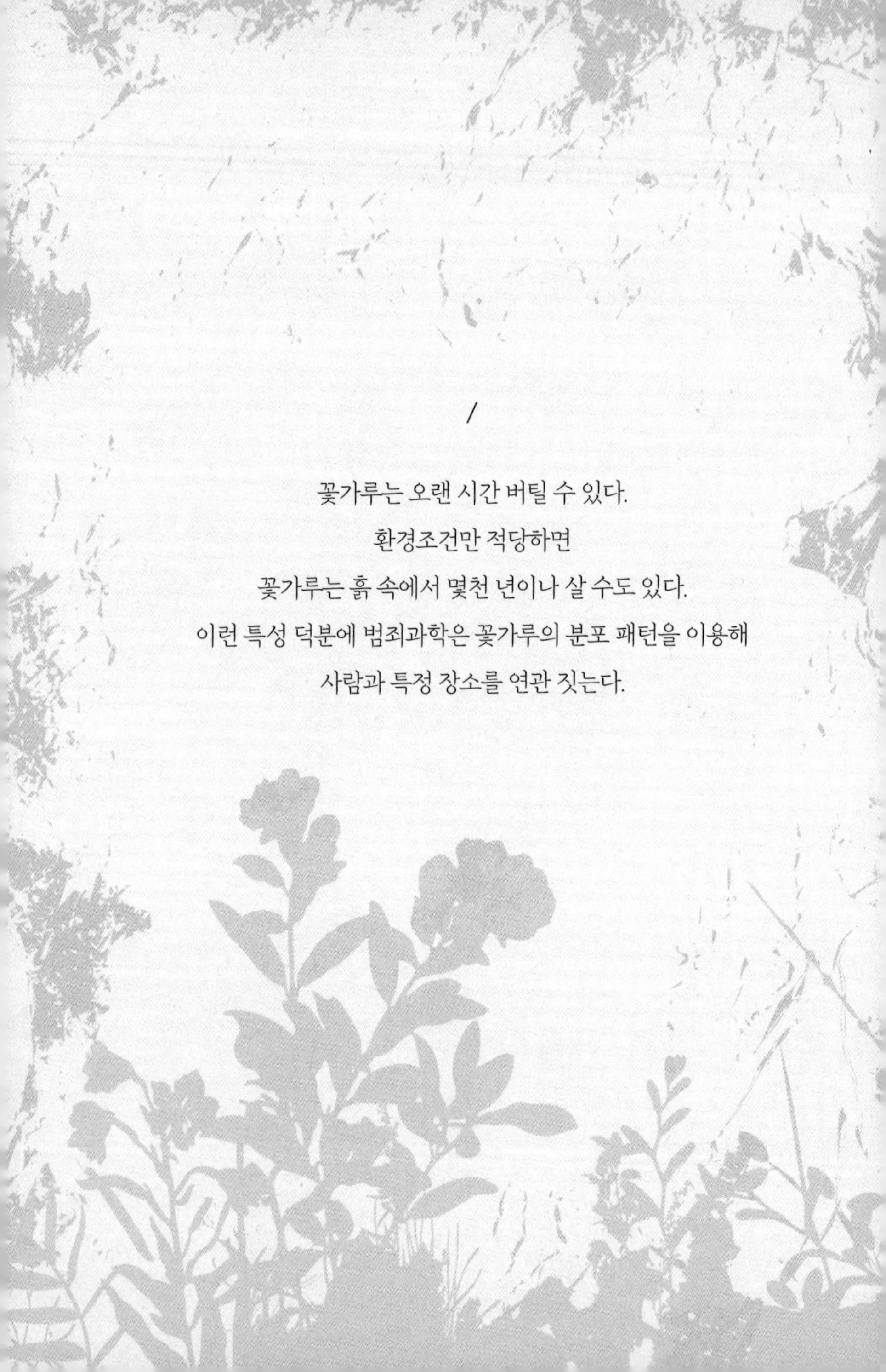

/

꽃가루는 오랜 시간 버틸 수 있다.

환경조건만 적당하면

꽃가루는 흙 속에서 몇천 년이나 살 수도 있다.

이런 특성 덕분에 범죄과학은 꽃가루의 분포 패턴을 이용해

사람과 특정 장소를 연관 짓는다.

텔레비전 드라마나 소설을 보면 용의자의 옷에 묻은 꽃가루를 이용해서 용의자와 희생자 또는 용의자와 범죄 현장을 연관시킬 때가 많다. 물론 그 관계가 항상 단순하지는 않다. 범죄과학에서 꽃가루는 장점과 단점을 모두 갖고 있다.

꽃가루가 무엇이고, 어떻게 작용하는지 조금 알아둘 필요가 있다. 꽃가루는 많은 사람에게 익숙한 단어다. 특히 꽃가루 알레르기가 있는 사람들에게는 더욱 익숙하다. 그렇지만 대부분의 사람은 꽃가루가 얼마나 중요한지 아마 모를 것이다. 꽃가루가 없어지면 세상이 갑자기 멈춰버릴 것이다. 지구 위 대부분의 식물은 꽃가루를 통해 번식한다. 꽃가루는 식물의 정자라 할 수 있다. 꽃가루가 없다면 꽃 속에 든 배아가 수정되지 않을 것이고, 따라서 씨앗도, 식물도, 동물도, 먹을 것도, 사람도 더는 존재할 수 없게 된다. 알레르기라는 면에서 보자면 대부분의 꽃가루는 꽃가루 알레르기를 일으키지 않는다. 일반적으로 풀이나 일부 나무처럼 바람을 통해 꽃가루받이를 하는 풍매화가 꽃가루 알레르기를 일으키고, 곤충이나 새 등의 동물을 통해 꽃가루받이를 하는 식물은 그러지 않는다. 어떤 식물이 알레르기를 일으키는지 어떻게 알 수 있을까? 바람에는 눈이 없다. 따라서 풍매화는 바람에게 예뻐 보이려고 애쓸 필요가 없다. 풍매화의 꽃이 크기가 작고, 보통 초록색을 띠는 이유다. 풍매화는 이파리와 뒤섞여 대부분의 사람들 눈에는 잘 띠지 않는다. 반면 동물에 의해 꽃가루받이가 되는 꽃들은 동물의 관심을 끌 필요가 있기 때문에 좋은 냄새를 풍기거나(이 냄새는 감지될 수도 있고 감지되지 않을 수도 있다) 밝은 색을 띤다.

꽃가루와 식물 포자(양치류 같은 일부 식물은 꽃가루가 아니라 포자를 갖고 있다)의 세포는 억센 외피를 가지는 경우가 많다. 오랜 시간 동안 버틸 수 있다는 의미다. 환경조건만 적당하면 꽃가루는 흙 속에서 몇천 년이나 살 수도 있다. 꽃가루와 포자가 강인한 이유는 결국 세포벽의 조성 때문이다. 꽃가루의 바깥 세포벽은 스포로폴레닌sporopollenin이 주성분이다. 이것은 자연에서 만들어지는 생물중합체 중 가장 강하고 화학적으로 안정적인 성분 중 하나다. 이런 내구성 때문에 과학자들은 오래된 흙에 들어있는 꽃가루를 통해 먼 과거의 기후를 재구성할 수 있다. 기후가 변하면 식물군집도 변하고, 그에 따라 꽃가루의 조성도 변한다.

환경에서 끈질기게 살아남는 것이 꽃가루를 범죄과학에 쓸모있는 존재로 만들어준 열쇠다. 꽃가루가 사람의 옷이나 신발에 달렸으면 특정 장소와 연관 지을 수 있다. 그것이 어떻게 가능할까? 모든 식물은 특별히 필요로 하는 부분이 있다. 어떤 식물은 영양이 풍부한 흙을 필요로 하고, 어떤 식물은 풍부한 햇빛을 필요로 한다. 그래서 식물은 특정 유형의 환경, 즉 생물학에서 말하는 '서식지'에 국한되어 존재한다. 북서쪽 유럽에서 찾아볼 수 있는 익숙한 서식지 유형으로는 삼림지대, 해식절벽, 백악질(백색 연토질 석회암) 초원 등이 있다. 전 세계적으로 서식하는 식물은 아주 드물고, 심지어 영국과 아일랜드 안에서도 어디서나 찾아볼 수 있는 식물은 그리 많지 않다. 많은 식물이 뚜렷한 분포 패턴을 가진다는 의미다. 범죄과학에서 꽃가루를 이용할 때의 핵심은 바로 이 분포 패턴이다.

꽃가루는 소중한 도구지만 한계도 있다. 바람을 이용해 꽃가루받이가 되는 꽃가루는 넓게 퍼지는 경향이 있다. 참나무, 너도밤나무, 자작나무 같은 풍매화에서 나온 꽃가루는 몇 킬로미터씩 날아간다. 이런 점 때문에 일부 나무의 꽃가루는 범죄과학적 가치가 떨어진다. 하지만 피의자의 신발에 참나무, 너도밤나무, 자작나무의 꽃가루가 아주 많이 묻었다면 그 사람이 삼림지대나 나무가 많은 공원 안에 또는 그 근처에 갔었다는 뜻인 것은 분명하다.

하지만 이런 유형의 꽃가루는 그 피의자가 산림이나 공원에서 정확히 어디에 있었는지 파악하는 데는 도움이 되지 못한다. 또한 풀 같은 일부 풍매화 꽃가루는 그 종류를 정확하게 식별하기가 굉장히 어렵다. 대개 이런 꽃가루들은 부력을 얻기 위해 꼭 자동차 에어백처럼 생겼다. 공기역학적일 필요가 있기 때문이다. 표면이 거칠거나 각도가 예리한 물체는 잘 날지 못한다. 하지만 일부 유형의 풍매화 꽃가루는 뚜렷한 특색을 가진다. 대학교 때 나와 친구들은 소나무 꽃가루의 외형이 마치 미키마우스의 머리처럼 생겼다는 설명을 들었다. 소나무 꽃가루는 머리 양쪽에 부풀어 오른 귀 두 개가 달려있다. 이 귀는 꽃가루가 공중에 떠 있도록 도와준다. 반면 박쥐, 새, 곤충 같은 동물의 관심을 끌도록 만들어진 식물의 꽃가루는 무겁고, 조각한 듯 거칠고, 화려한 표면을 가진다. 이런 거친 표면은 꽃가루 알갱이가 서로 잘 달라붙게 돕고, 그 꽃가루를 이웃 꽃으로 옮겨줄 동물에게도 잘 달라붙게 해준다. 이런 꽃가루는 꽃가루받이되지 못하면 자기를 만들어낸 식물 근처의 땅에 떨어지고 말기 때문이다. 또한 표면의 장식이 믿기 어려울 정도로 다양하고 아름답기 때문에 개별 식물종 고유의 형태를 띠는 경우가 많다.

위에서 다룬 내용이 의미하는 바는 피의자와 특정 장소를 연결하는 데 사용할 꽃가루 프로필을 만들 수 있다는 것이다. 참나무, 너도밤나무, 자작나무같이 널리 퍼져있는 나무들이 포함된 꽃가루 프로필도 유용하지만, 좀 더 흥미로운 것이 발견되는 경우에는 정말로 도움이 된다. 만약 운이 좋아서 더치인동**honeysuckle, *Lonicera periclymenum***, 나도산마늘**ramsons, *Allium ursinum***, 아네모네네모로사**wood anemone, *Anemone nemorosa***(아네모네), 노란광대수염**yellow archangel, *Lamium galeobdolon*** 같은 나무의 꽃가루를 발견한다면 나는 정말 기쁠 것이다. 이런 목록이 나온다면 그 장소가 삼림지대고, 그것도 고대 삼림지대**ancient woodland**라는 것을 대번에 알 수 있다. 고대 삼림지대는 말 그대로 오래된 산림을 말하고, 잉글랜드와 웨일스에서 고대 삼림지대라고 하면 적어도 400년은 된 것을 말한다. 고대 산림지대는 오래되기만 한 것이 아니라 위에 언급한 식물을 비롯해서 아주 많은 식물종을 품고 있다. 이런 식물들은 특정 서식처와 강한 상관관계가 있기 때문에 '지표종**indicator species**'이라고도 한다.

고대 삼림지대는 오래되고, 종이 풍부하고, 아주 드물다. 그 이유는 선조들이 농사를 짓고, 숯을 만들고, 집과 배를 만들 목재를 구하기 위해 삼림지대를 많이 베어냈고, 지난 200년 동안에는 철도, 도시, 도로를 닦기 위해 우리가 더 많이 파괴했기 때문이다. 요즘에는 고대 산림지대가 전체 국토의 2퍼센트 정도밖에 안 된다. 끔찍한 이야기지만 이 수치는 아직도 내려가는 중이다.

앞에 나온 목록만으로도 나는 아주 행복해질 수 있지만, 내 심장을 정말로 두근거리게 만들려면 정말로 삼림지대에서만 자라는 희귀종이 등장해야 한다. 캄파눌라garden bellflower, *Campanula* spp.(초롱꽃)의 친척이고 지금 잉글랜드에서는 아주 희귀해져서 발견되는 장소가 열 곳도 안 되는 뾰족영아자spiked rampion, *Phyteuma spicatum* 같은 것 말이다. 증거물에서 뾰족영아자의 꽃가루 같은 것이 나온다면 나는 이스트서식스주의 헤일셤과 히스필드 주변의 숲을 수색할 것이다. 이것은 어느 정도 이상적 사례이긴 하지만 그 밑에 깔린 원리는 명확하다. 피의자와 범죄 현장을 연관 짓는 데 꽃가루를 사용할 수 있다는 것이다.

시신의 표면이나 내부에도 꽃가루 같은 물질이 박혀있을 수 있다. 범죄과학자들은 가끔 정보를 추출할 혁신적 방법을 고안해낸다. 그중 한 가지는 비강을 조사하는 것이다. 우리는 감기나 꽃가루 알레르기 같은 것에 걸리면 콧물이 많이 난다고 투덜대지만, 이런 점액은 아주 놀랍고도 중요한 물질이다. 점액은 그냥 단순한 콧물이 아니라 염분, 효소, 항체 그리고 기타 단백질로 구성된 복잡한 물질이다. 점액의 대부분은 소화관에서 만들어진다. 소화관의 내벽이 물리적 손상을 입지 않게 보호해주고 일부 세균의 유해한 영향을 줄여준다. 점액은 폐와 기도에서도 발견된다. 우리가 들이마시는 작은 입자, 특히 그중에서도 바이러스, 균류 포자, 세균, 꽃가루 같은 것을 붙잡는 중요한 역할을 한다. 점액은 우리를 보호

할 뿐 아니라 우리가 속한 환경에 대한 정보도 담고 있다. 오염이 심한 대도시를 방문하거나 그 안에 사는 사람이라면 이 말에 고개를 끄덕일 것이다. 큰 도로를 따라 걷고 나면 코딱지가 검게 변하는 경험을 해본 적이 있기 때문이다. 비강의 안쪽 부분은 복잡하고 비좁아 그 안으로 들어가기가 아주 어려울 수도 있다. 여기에 접근하려면 안면 피부와 두피를 제거하고, 머리뼈구멍 위쪽 부분을 들어내야 한다. 그러고 나서 비강 안쪽의 노출된 영역을 씻어내고 그 액체를 모은다. 그리고 그 액체를 원심분리기로 돌려서 농축해 슬라이드 위에 올려 현미경으로 관찰한다. 그럼 꽃가루와 포자를 식별할 수 있다.

몇 년 전, 몇 주 동안 실종된 한 여자를 찾는 사건을 맡은 적이 있다. 경찰에서 특정한 용의자가 있었다. 남편이었다. 경찰은 집을 수색해서 아웃도어 의류, 신발, 삽 등 몇 가지 물품을 확보했다. 경찰은 남편의 자동차도 수색해서 몇 가지 증거물을 가져왔다. 자동 번호판 감지 데이터도 확보했는데, 아내가 실종되고 얼마 지나지 않아 그의 자동차가 시골에 있는 집을 떠나 약 160킬로미터 정도 운전한 것으로 나왔다. 이동한 거리가 적어도 두 주에 걸쳐져 있었다. 경찰에서는 남편이 여러 지점 중 한 곳에서 노선을 빠져나와 아내의 시신을 버렸을 가능성이 있다고 믿었다.

경찰은 증거물에서 채취한 환경 표본을 분석하기 위해 몇몇 전문가에게 보냈다. 나는 식물 조각들을 받았는데 결정적인 증거물은 아닌 것으로 밝혀졌다. 그 식물 조각들이 어디나 흔히 있는 잔디에서 나온 것이라, 그 자체로는 중요한 증거일 가능성이 낮았기 때문이다. 토양 분석에서는 흥미로운 정보가 나왔다. 흙에 탄화수소 성분이 풍부했다. 배기가스와 관련이 있는 탄화수소의 농도가 높게 나왔다는 것은 자동차가 시가지를 통과했다는 의미기 때문이다. 보기 드문 화학적 산업공정에서 나올 만한 흔적도 나왔다. 해당 지역에서 이런 산업공정이 이뤄지는 곳은 많지 않았다. 일부 증거물에서 꽃가루와 포자도 찾아내 식별이 이뤄졌다. 대부분은 넓게 분포한 풀밭 식물이나 흔한 나무의 꽃가루였다. 하지만 아주 흥미로운 포자가 하나 나왔다. 영국에서는 꽤 흔한 양치식물의 포자였는데, 문제의 두 주에서는 일부 저지대에서만 발견될 정도로 드물었다. 우리는 시골 지역이 많은 이 두 주에서 우리가 관찰한 내용과 맞아떨어지는 지역에 수사를 집중할 필요가 있었다. 사체유기 현장은 특이한 산업공정과 관련이 있는 시가지와 가까운 트인 초원 부근일 가능성이 높았다. 그리고 그 근처에는 그 주에서 희귀한 양치식물이 있을 것이다. 이런 환경 정보 덕분에 수색해야 할 영역이 수백 제곱킬로미터에서 50제곱킬로미터 이하로 좁

아졌다. 동료 과학자들과 나는 이 일에 재미를 붙여서 더 추적하고 싶었다. 하지만 경찰은 이유도 없이 수사를 계속하지 않았고, 내가 아는 한 이 사건은 미제사건으로 남았다. 일반적으로 우리는 맡은 일을 끝내고 나면 그 이후의 소식은 듣지 못한다.

일반적으로 범죄과학에 관한 대중의 인식은 그리섬증후군Grissom syndrome에 의해 왜곡된다. 그리섬증후군은 내가 드라마 〈CSI 과학수사대〉에 나오는 등장인물 길 그리섬을 기념하며 만든 말이다. 드라마에서는 구성 방식 때문에 수사관과 전문가들이 마치 여러 재주를 가진 슈퍼영웅처럼 그려진다. 가끔 범죄과학이 살인사건 수사에서 큰 역할을 담당하면 실제로 식물학과 범죄과학에 사람들의 관심이 쏠리기도 한다. 내가 자연사박물관에 합류하고 얼마 안 된 2005년 발렌타인데이에 조안 넬슨Joanne Nelson이라는 젊은 여자가 실종됐다. 넬슨이 사라지고 얼마 후에 남자친구 폴 다이슨Paul Dyson이 기소됐다. 오랫동안 겨울의 눈과 추위와 싸우며 수색했지만 결국 경찰은 수색활동의 규모를 줄일 수밖에 없었다. 다이슨이 넬슨의 시신을 버렸다고 자백했지만, 정확히 어디에 버렸는지는 기억나지 않는다고 주장했기 때문이다.

다이슨이 경찰에 말하기를, 넬슨의 시신을 쓰레기봉투에 넣어 헐에서 요크까지 차에 싣고 가서 초록색 병이 달린 금속 문 옆에 버렸다고 했다. 요크셔주의 동북쪽 넓은 지역을 다이슨과 함께 차를 타고 돌아다녀 봤지만 경찰은 시신을 찾을 수 없었다. 한 법의식물학자가 다이슨의 옷을 검사했더니 흥미로운 꽃가루가 나왔다. 잉글랜드에 군데군데 분포하는 비토착종 나무의 꽃가루였다. 이것이야말로 나 같은 사람들이 꿈꾸는 식물학적 단서다. 흔하지는 않지만 있기만 하면 크기가 커서 풍경 속에서 쉽게 눈에 띄는 나무였기 때문이다. 자작나무와 소나무의 꽃가루 그리고 털미역고사리polypody, *Polypodium* spp.의 포자와 함께 발견된 이 꽃가루의 나무는 이엽솔송나무western hemlock, *Tsuga heterophylla*였다.

이 시점에서 경찰 수사팀과 법의식물학자에게는 아마추어들의 도움이 필요했다. 아마추어라는 단어는 보통 기술이 부족하다거나 비전문가라는 함축적 의미를 갖고 있다. 하지만 이 경우는 아니다. 경찰에서 도움을 필요로 하는 아마추어들은 영국제도식물학회Botanical Society of the British Isles의 회원들이었다(이 학회는 현재 '영국아일랜드식물학회Botanical Society of Britain and Ireland'로 이름을 바꾸었다). 영국아일랜드식물학회는 세계에서 가장 오래된 자연사 연구조직 중 하나로 그 뿌리가 1836년으로 거슬러 올라간다. 이 조직은 이 섬의 야생식물에 관해 대부분의 사람보다 잘 아는 마니아와 전문가로 구성되어 있다. 우리가 야생식물에 관해 아는 내용 중 상당 부분은 영국아일랜드식물학회의 전문가들에게서 나온 것이다. 사실 이들의 지식은 영국 경제의 다양한 영역을 부분적으로 주도하고 있다. 농업, 환경보존, 국립공원, 도시계획 등에는 모두 영국아일랜드식물학회의 전문 지식이 녹아있다. 1852년에 휴잇 코트렐 왓슨Hewett Cottrell Watson이라는 남자는 영국과 아일랜드의 모든 지역에 바이스카운티기록원vice-county recorder(바이스카운티는 생물학적 기록을 위해 영국의 섬들을 지리학적으로 나누는 구획 단위다 –옮긴이)을 배치하는 시스템을 고안했다. 바이스카운티기록원들은 그 지역의 토착종 야생식물과 비토착종 야생식물에 관한 정보를 수집하고 확인하는 역할을 맡는다. 나는 미들섹스의 역사적 카운티인 VC21 지역의 기록원이다. 요크셔주는 영국에서 가장 큰 주기 때문에 다섯 개의 바이스카운티로 나뉘었다.

기록원들이 하는 일 중 하나는 식물학 기록과 지도를 편찬하는 것인데, 수사팀이 수색 범위를 좁힐 수 있었던 것이 바로 이 영국아일랜드식물학회에서 편찬한 식물학 지도 덕분이었다. 이 지도는 요크셔에서 이엽솔송나무가 몇몇 장소에 국한되어 있음을 보여줬다. 그 지도를 중심으로 수색을 집중하는 날이 이어졌다. 며칠 후에 수사를 이끌던 레이 히긴스Ray Higgins 경정이 브랜즈비 근처에서 수색팀을 만나려고 운전을 했다. 그때 그와 필 가드Phil Gadd 경위의 눈에 다이슨이 말한 그 문이 들어왔다. 나중에 기자들과의 인터뷰에서 히긴스는 그 순간을 이렇게 묘사했다.

> 운전을 하다가 이 문을 봤습니다. 모든 특징이 들어맞았죠. 우리는 서로 마주 보며 말했습니다. "이거다." 초록색 병이 달린 그 문에서 삼림으로 이어지는 길이 있었습니다.

두 경찰관은 차를 멈췄다. 그리고 숲에서 잠시 수색을 한 후에 부분적으로 노출된 시신을 발견했다. 수사는 성공했고, 다이슨은 유죄 선고를 받았다. 전문 지식을 갖춘 경험 많은 식물학자들이 형사들과 협조하지 않았더라면, 조안 넬슨의 시신은 여러 해 동안 발견되지 않았을지도 모른다. 브랜즈비는 애초에 수색이 집중됐던 헐과 요크 사이의 지역이 아니었기 때문이다.

9장

# 내가 골목길을 좋아하는 이유

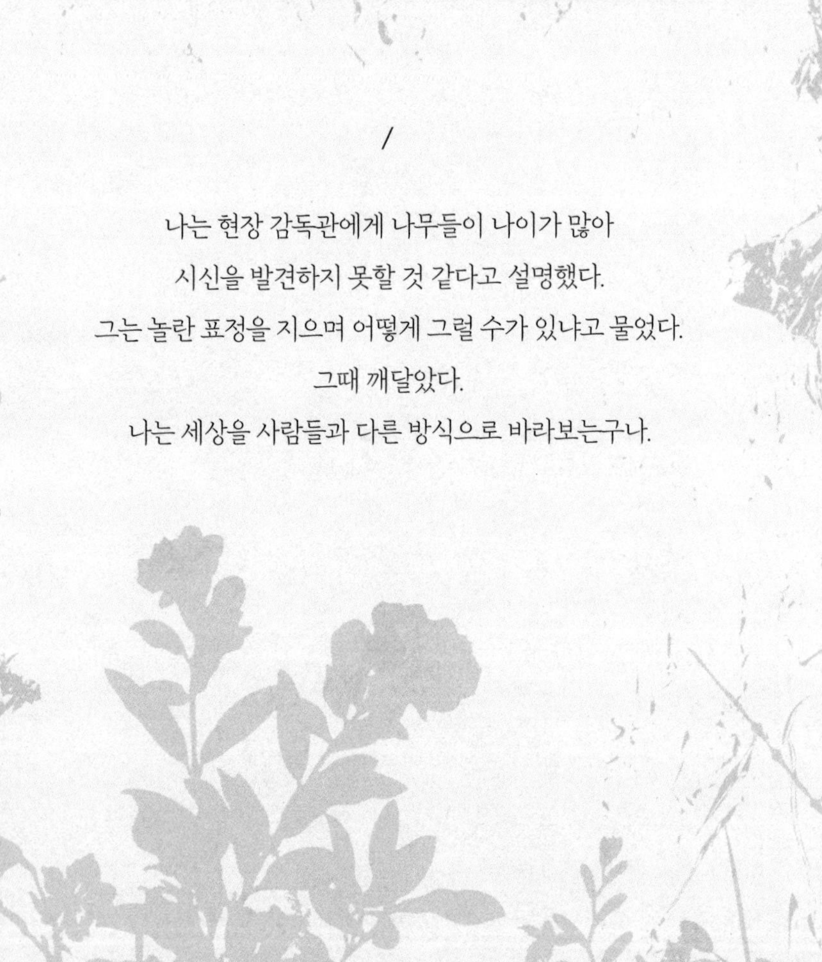

/

나는 현장 감독관에게 나무들이 나이가 많아
시신을 발견하지 못할 것 같다고 설명했다.
그는 놀란 표정을 지으며 어떻게 그럴 수가 있냐고 물었다.
그때 깨달았다.
나는 세상을 사람들과 다른 방식으로 바라보는구나.

식물학자들도 다른 사람들과 마찬가지로 아름다운 것이나 희귀한 것에 흥미를 느낄 때가 많다. 일상적이거나 흔한 것에는 흥미가 떨어진다. 대부분은 영안실 옆 골목길에 있는 구토와 오줌으로 뒤덮인 쐐기풀을 구경하느니 난초가 만개한 고대의 백악질 초원을 구경할 것이다. 그런데 놀랍게도 내가 런던에서 식물학적으로 좋아하는 장소 중 하나가 바로 이 골목길이다. 더 정확히 말하자면 도시 식물학과 범죄과학에 대한 내 관심이 흥미의 대상을 바꿔놓았다고 말해야 할 것이다. 이 골목길에 있는 쐐기풀은 평범하지 않다. 바로 막쐐기풀**membranous nettle, *Urtica membranacea*** 이다. 이 식물은 최근에 지중해 지역에서 온 비토착 도입종이다. 남부 유럽에서 수입된 큰 식물 화분의 흙에 씨앗으로 숨어들어 도입됐다. 모든 종류의 쐐기풀은 질소 성분이 풍부한 환경을 선호하기 때문에 비둘기 똥이나 토사물이 넘치는 곳을 좋아한다. 동물의 사체에서 나오는 이런 악취는 질소 성분이 대단히 풍부하다. 나는 런던에서 식물을 채집하며 보냈던 시간 때문에 야생식물을 아주 다른 방식으로 바라볼 수 있었다. 그리고 이것은 나중에 범죄 현장에서 일을 시작했을 때 정말 큰 도움이 됐다.

2002년에 레딩대학교에서 박사학위를 딴 후 런던 중심부에 있는 자연보호구역에서 자원봉사를 시작했다. 캠리스트리트자연공원Camley Street Natural Park은 자연은 무시한 채 사람 중심으로 화려하게 개발한 킹스크로스 한가운데 자리 잡은 작은 자연으로, 아주 중요한 곳이다. 캠리스트리트자연공원은 나에게 많은 것을 가르쳐줬다. 나는 10년 중 대부분을 런던에서 살았지만, 주로 동성애 관련 활동을 했기 때문에 런던의 자연환경에 대해서는 거의 신경을 써보지 않았다. 공원은 런던야생생물신탁London Wildlife Trust에서 관리했는데, 나중에 직장이 필요해졌을 때 캠리스트리트자연공원에서의 자원봉사 경험은 정말 값진 자산이 됐다. 대런던당국Greater London Authority, GLA(최상위 지방자치단체로, 선거를 통해 선출되는 런던 시장을 감시하는 역할을 한다 -옮긴이)을 대신해서 런던야생생물신탁은 런던 여기저기를 돌아다니며 접근 가능한 모든 공공장소를 조사할 식물학자가 필요했다. 나는 2년 동안 런던을 몇 킬로미터씩 자전거로 돌아다니며 런던의 야생생물, 풍경, 역사를 공부하고 지도를 작성했다. 지도에는 식물, 생활편의시설과 쓰레기통의 존재 여부, 개 배설물 수거 위반 여부 등을 기록했다. 이 활동이 의도하는 바는 이런 부분에서 일어난 변화들을 기록하는 것이었다. 이런 변화는 부정적으로 흐르는 경우가 많았다. 생물학적 다양성을 보이던 런던의 버려진 산업부지 중 상당수는 개발로 소실됐고, 그러지 않은 부지들도 비토착 침입종 때문에 질식할 지경에 이르렀다.

나는 각각의 장소마다 약도를 만들어 거기에 존재하는 식물, 내변, 쓰레기의 목록도 작성했다. 지도는 전문 소프트웨어를 이용해서 그렸고, 다른 정보들은 데이터베이스로 구축했다. 변화를 이해하기 위해서는 20년 전에 런던에서 촬영한 일련의 흑백 항공사진을 이용해야 했다. 이러한 대런던당국의 조사는 런던의 자연 상태에 관한 훌륭한 정보를 만들었을 뿐 아니라, 런던 자치구에서 도시 전략을 수립할 때 유용한 정보도 제공했다. 하지만 슬프게도 나중에 폐기되고 말았다.

범죄과학 작업을 하면서 자연의 변화를 평가할 때도 비슷한 접근방식을 이용한다. 기술이 어마어마하게 발달한 덕분에 풍부한 온라인 매핑 도구, 스트리트뷰, 항공사진 등을 이용해서 변화를 평가할 수 있다. 이 중 어떤 것은 해상도가 높아서 개별 나무나 관목을 가려낼 뿐 아니라, 종류도 어느 정도 식별이 가능하다. 이 이미지들은 현장에 방문하기 전에 어떤 것을 마주하게 될지 미리 이해하는 데 큰 도움이 된다. 더 자세하게 조사하고 싶어질 것 같은 흥미로운 영역도 가려낼 수 있고, 그곳에 있는 식물종의 예비 목록도 작성할 수 있다. 경찰이나 내가 함께 일하는 범죄과학 업체에 무언가 답변해야 할 때도 상당히 유용하다.

이런 이미지들이 도움이 되는 것은 사실이지만 그래도 직접적인 식물 조사를 대신할 수는 없다. 그 예가 자작나무다. 대부분의 사람은 자작나무와 친숙하다. 자작나무는 몸통이 은백색이어서 쉽게 구분이 가능하고, 정원, 숲, 황야지대에서 널리 발견된다. 많은 사람이 자작나무라는 단어에 너무 익숙해서 이 단어 하나가 전세계적으로 약 100종의 서로 다른 나무 종을 포괄하고 있다는 사실은 알지 못한다. 영국 저지대에서는 두 가지 토착종 자작나무 ***Betula pendula*와 *B. pubescens***와 희귀한 소형 산악종 자작나무***B. nana***(nana는 작다는 의미다)가 발견된다. 이 산악종은 대체로 스코틀랜드 고지대에 국한돼 분포한다. 초원은 상황이 더 복잡하다. 토착종 저지대 자작나무종과 아울러 외부에서 온 몇몇 도입종도 자란다. 이 종들을 확실하게 식별하려면 이파리와 꽃차례**catkin**(나뭇가지 끝에 기다랗게 무리지어 달리는 꽃송이 -옮긴이) 안에 든 열매를 자세히 살펴보는 방법밖에 없다. 자작나무는 널리 분포한 나무고 야생과 초원 모두에서 흔하다. 자작나무 이파리는 못 가는 곳이 없어 보인다. 그 열매와 꽃차례 비늘도 마찬가지다. 모두 내가 조사하는 증거물에서도 꽤 자주 보인다. 자작나무 열매의 모양은 손으로 조각한 백합문장**fleur-de-lys**(주로 성 삼위일체를 뜻하는 종교적 상징 -옮긴이)의 윤곽과 대략 비슷하다. 종마다 모양은 비슷하지만 서로 다른 조각도를 사용한 것처럼 분명한 형태적 차이가 존재한다. 열매가 사람의 신발에 파묻혀 심하게 손상됐고, 달려있던 나무에서 멀리 떨어진 경우에는 식별이 꽤 어렵다. 그래서 나중에 실험실에 돌아왔을 때 비교하려고 사체유기 현장에서 자작나무 열매의 표본을 채취하거나 사진을 찍어서 와야 할 때도 있다.

나는 법의인류학자로 전문적인 훈련을 받지는 않았지만, 사람의 유해를 회수하는 것을 도와본 적은 있다. 혹시나 오해를 피하기 위해 한 마디 하자면 적절한 전문가의 감독 아래 한 일이다! 식물학자가 이런 일을 거든다고 하면 사람들이 놀란다. 내가 그 일을 거든 이유 중 하나는 지켜보는 눈이 많을수록 더 낫기 때문이다. 만약 뼈가 하나 보이면 나는 인류학자(또는 고고학자)를 불러 여기 뼈가 있다고 말해줄 수 있다. 멀리서 들어보면 '경추' '주상골'이나 기타 작은 뼈의 이름을 부르는 소리만 들린다. 그럼 장소 표식이 그곳에 더해진다. 낙엽이 두텁게 깔린 곳, 숲속, 12월 해질녘 등에는 손가락뼈나 발가락뼈처럼 작은 뼈를 찾기가 아주 어려울 수 있다. 풍화된 뼈라는 기대감에 자세히 들여다보면 부분적으로 부패됐거나 껍질이 벗겨진 잔가지 또는 돌멩이인 경우가 많다. 목뿔뼈는 찾기가 특히 어려운 뼈 중 하나다. 아래턱과 후두 사이에 있는 이 뼈는 다른 뼈와 맞닿아 연결되어 있지 않다는 점에서 특이하다. 이 뼈에는 구강, 혀, 후두, 식도, 인두를 통제하는 복잡한 근육들이 부착되어 있다. 목을 졸라 죽인 것으로 의심되는 사건에서는 이 뼈가 귀중한 증거가 된다. 목뿔뼈가 부러졌거나 손상되어 있으면 밧줄이나 손으로 목을 졸랐다는 뜻이기 때문이다.

사체유기 현장에서 뼈를 찾는 것은 생각보다 어렵다. 특히나 사람을 묻지 않았거나 아주 얕게 묻었던 경우는 더 어렵다. 시신이 동물, 흙의 자연적인 이동, 홍수 또는 사람이 땅을 파는 행동(도로 공사 등)으로 훼손될 수 있기 때문이다. 특히 동물에 의한 훼손이 흔하다. 동물은 사람의 시체를 먹는다. 이런 훼손이 있는 경우에는 시신 조각들을 모두 찾기 위해 아주 넓은 영역을 수색해야 할 수도 있다.

도시화된 환경에서 사는 대다수는 우리가 다른 생명체의 먹이가 될 수 있다고 생각하면 몸서리를 친다. 우리는 죽는 순간부터 아주 풍부한 영양 공급원이 된다. 먼저 소화관과 피부에 들어있는 복잡한 미생물 생태계가 우리를 먹어치우기 시작한다. 야외에 있는 경우라면 사망하고 몇 분 안으로 파리와 딱정벌레에게 발견되어 그들의 알자리가 된다. 새와 포유류의 먹이가 되는 경우도 있다. 우리는 그렇게 다양한 생명체의 먹이가 된다.

나는 정기적으로 대중 강연을 하며 범죄과학 현장에서 겪은 일들을 이야기한다. 특히 새와 동물이 사람의 시체를 포식하는 습성을 연구했던 한 매력적인 연구사와 일한 경험을 자주 이야기한다. 그 연구자의 설명에 따르면, 영국은 상대적으로 크기가 작고 인구 밀도가 대단히 높은 섬이라는 실질적인 제한 때문에, 자신의 연구에 사람의 시신을 이용하기가 불가능했다고 한다. 놀랄 일도 아니지만 집 근처에 사람의 시체가 있다는 것을 편치 않게 생각하는 사람들이 있기 때문이다. 그래서 그 연구자는 사람의 시체 대신 죽은 돼지를 이용해야 했다. 돼지는 사람과 크기, 체중, 지방의 밀도가 비슷하다. 법곤충학자들도 사후경과시간을 연구할 때 돼지를 이용한다. 연구자가 내게 간단한 질문을 던졌다. "큰 동물이 죽어서 땅 위에 누워있으면 어떤 동물이 제일 먼저 찾아와 시체를 먹기 시작할까요?" 나는 강연을 할 때도 똑같은 질문을 던진다. 당연히 여우, 오소리, 까마귀 같은 새와 포유류들이 흔히 언급된다. 나도 대부분의 청중과 마찬가지로 정답을 맞히지 못했다. 정답은 북숲쥐 **wood mouse, *Apodemus sylvaticus***다. 보아하니 우리 숲과 산울타리에 사는, 솜털 같은 수염이 달린 이 작고 귀여운 생물이 고기 간식을 대단히 좋아하나 보다.

나는 동료들과 함께 여우 때문에 흩어진 시신의 잔해를 찾느라 보낸 시간이 꽤 많다. 여우는 사체유기 현장에서 맞닥뜨리는 큰 어려움 중 하나다. 대부분의 사람은 우리를 자연과 별개의 존재로 여기는 경향이 있다. 하지만 우리가 죽는 순간 이 거짓 장벽은 무너져 내린다. 사람의 시체는 여우 같은 사체 처리 동물의 훌륭한 먹이가 된다. 다행히 사람과 마찬가지로 여우도 우리가 배우고 예측할 수 있는 행동을 보인다. 여우는 시신의 일부, 대개는 사람의 사지를 떼어내어 자기 굴이나 안전한 장소로 가져가는 경향이 있다. 여우는 경계심이 많고 잡아먹히지 않기 위해 포식자를 피해 다니는 동물이다. 그래서 여우가 먹이를 가져간 특정한 방향을 발견하고 나면 보통 먹히지 않은 부분을 회수하는 것이 가능하다. 사람이 쥐나 여우에게 먹힌다니 마음이 불편해지는 사람이 많을 것이다. 하지만 이런 행동은 너무나도 자연스러운 것이다. 이 속에서 우리는 최대한 시신을  회수하기 위해 최선을 다한다. 흩어진 시신에 증거가 남았을 수도 있고, 가족과 친구들 입장에서도 시신을 최대한 수습하는 것이 분명 바람직한 일이다.

◡◡◡◡◡

다른 전문가들과 범죄과학 분야에서 함께 일한 경험은 자연을 다르게 바라볼 수 있게 도와줬다. 몇 년 전에 나는 또 다른 암흑가 살인사건을 맡았다. 처벌이라는 명목으로 매를 맞다가 숨진 희생자를 찾는 일이었다. 경찰은 내게 집 옆에 있는 숲 수색을 도와달라고 요청했다. 집은 이미 수색했지만 결과는 성공적이지 못했고, 경찰은 수색 범위를 숲으로 넓혀야 했다. 내가 도착했을 때는 이미 경찰이 암매장이 이뤄졌을 가능성이 높다고 판단되는 몇몇 숲 속 장소를 확인한 상태였다. 숲은 키 큰 너도밤나무**beech, *Fagus***들이 우위를 차지했다. 그 나무들 아래로 나 있는 빈터 중 한 곳으로 걸어 들어갔는데 경찰에서 이곳을 제일 먼저 확인하려 한 이유를 바로 알 수 있었다. 이 공간의 크기는 큰 교실 정도였고, 대부분의 식물이 낮게 자라고 있었다. 이 빈터는 도로에서 고립되어 있었고, 3~4미터 높이로 빽빽하게 자라난 월계귀룽나무**cherry laurel, *Prunus laurocerasus***와 유럽호랑가시나무**holly, *Ilex aquifolium*** 때문에 시야가 차단되어 있었다. 두 식물 모두 상록수다. 1년 내내 이파리가 달린다는 의미다. 그래서 이곳은 암매장을 하기에 이상적인 장소였다. 특히나 은폐할 곳이 제한된 겨울에는 더욱 이상적인 장소였다.

그 빈터 안에는 키가 1미터를 넘는 식물이 없었고, 땅의 상당 부분은 아이비가 두터운 깔개처럼 뒤덮고 있었다. 이 공간은 고립되어 있으면서도 방해 없이 작업할 수 있는 트인 땅이 충분했다. 다시 말해 시신을 유기하기에는 더할 나위 없이 완벽한 장소 같았다.

경찰은 이 장소를 발견하고 아주 흥분한 상태였다. 올바른 장소를 찾았다고 생각했던 것이다. 나도 처음에는 흥분했지만, 점점 그 흥분은 잦아들었다. 바라보면 바라볼수록 이 영역은 살인이 일어나기 적어도 2년 전에 의도적으로 치워졌고, 그 이후로는 식물이 전혀 훼손되지 않았다는 확신이 들었다. 나는 숲을 조금 더 둘러보기로 했다. 그리고 숲에서 크기와 식물학적 특성이 비슷한 공터를 몇 개 더 찾아냈다. 이 공터들은 모두 같은 시기에 치워진 것으로 보였다. 아마도 서식 환경을 개선할 목적으로 정리 작업이 이뤄진 것 같았다. 빈터에 있는 관목들은 사람들이 삼림 보존을 염두에 두고 가지치기했을 가능성이 컸다.

나는 원래의 빈터로 돌아왔다. 이곳에서 희생자를 발견하지 못하리라는 확신이 커졌다. 이곳은 시신을 숨기기에 부족함이 없는 넓이였지만, 여기저기 있는 작은 유럽호랑가시나무들을 훼손하지 않으면서 땅을 팔 정도로 큰 공간도 찾을 수 없었다. 키가 작아서 일부는 아직 어린 묘목인가 싶기도 했지만 가까이서 살펴보니 모두 가지치기된 것이 분명했다. 밑동까지 잘려나갔다가 다시 자란 것들이었다. 따라서 눈에 보이는 것보다 나이가 꽤 많은 나무들이었다.

나는 감독관에게 이곳에서 시신을 발견하지 못할 것 같고, 유럽호랑가시나무들이 나이가 너무 많아서 큰 훼손 없이 움직이기는 불가능했을 것 같다고 설명했다. 그는 놀란 표정을 지으며 어떻게 그럴 수가 있냐고 물었다. "저렇게 크기가 작으면 분명 어린 나무 아닌가요?" 그때 작은 깨달음의 순간이 찾아왔다. 나는 세상을 사람들과 아주 다른 방식으로 바라보고 있구나. 나는 그 사람에게 무릎을 꿇고 엎드려서 한 덤불의 줄기 밑동을 만져보게 했다. 감독관은 잠시 머뭇거리다가 마지못해 그렇게 했다. 사람들이 식물을 자세히 들여다보는 것을 얼마나 망설이는지 생각하면 아직까지도 놀랍다. 각각의 줄기가 직경은 1~2센티미터에 불과했지만, 몇 센티미터 정도로 굵은 훨씬 큰 그루터기에 붙어있었다. 원래의 줄기는 밑동까지 잘려나갔고, 이 줄기들은 새로 자라난 것이었다. 그의 얼굴에 깨달음이 번지는 것이 보였다.

유럽호랑가시나무들을 바라보다가 이 나무에 관해서 전에는 한 번도 알아차리지 못한 부분을 알게 됐다. 유럽호랑가시나무는 영국의 야생에서 자라는 다른 대부분의 나무나 관목처럼 뚜렷한 눈**bud**이 없다. 참나무, 자작나무, 너도밤나무 같은 나무들은 명확한 겨울눈을 갖고 있다. 봄이 되고 이 겨울눈에서 줄기가 자라나오면 그 자리에 작은 고리 모양의 흉터가 남는다. 가시칠엽수**horse-chestnut, *Aesculus hippocastanum***의 크고 끈끈한 눈이 열릴 때면 이 흉터를 아주 쉽게 확인할 수 있다. 눈이 달린 곳의 흉터 조직이 범죄과학에서 유용하게 사용될 수 있는 측면 중 하나는, 가지나 묘목의 나이 추정을 도와줄 수 있다는 점이다. 기본적으로 새로 돋아난 싹의 끝에서 시작해 아래로 내려가면서 고리 모양 흉터를 지나갈 때마다 1년씩 더하면 된다. 따라서 죽은 사람 위로 드리워져 있거나, 그 근처에서 자라는 가지나 어린 묘목은 시신이 그 자리에 있었던 최소 기간을 추정하는 수단이 되어준다. 이것은 나무의 나이를 통해 일차적으로 추정해볼 수 있는 아주 간편하고 신속한 방법이다.

하지만 유럽호랑가시나무는 이런 눈이 없어서 문제였다. 이 식물의 나이가 얼마나 됐는지 어떻게 추정할 수 있을까? 나는 잠시 이 문제를 골똘히 생각하며 말없이 식물을 관찰했다. 식물을 알아가는 것이 그 식물을 이해하는 열쇠다. 식물 식별 기술을 가르칠 때 나는 식물학 학생들에게 그 식물의 종류에 관해 성급히 결론을 내리지 말고, 이왕이면 확대경으로 꽃, 이파리, 줄기 등을 물끄러미 바라보면서 시간을 보내라고 조언할 때가 많다. 꽃의 색깔같이 확연하게 드러나는 특성에 꽂혀서 다른 중요한 특성들을 놓치기가 쉽기 때문이다.

물끄러미 바라보는데 무언가를 깨달았다. 이파리가 모두 똑같은 크기가 아니었다. 새순의 끝에 달린 이파리들은 크기가 작았다. 그리고 순을 따라 아래로 내려가면서 이파리가 점점 커지다가 다시 크기가 줄어들고, 거기서 다시 커졌다. 이런 패턴이 줄기를 따라 반복되었다. 성장기 막바지에 가면 춥고 햇빛이 부족해져서 유럽호랑가시나무 이파리들이 작아진다는 것을 깨달았다. 겨울이 다가오면 순은 성장을 멈추었다가 봄이 되면 다시 자라기 시작한다. 그리고 여름이 다가오면 이파리들은 다시 더 커진다.

나는 유럽호랑가시나무들의 나이가 얼마인지 추정할 방법을 찾아냈다. 이 새로운 접근방식을 그곳에 있는 모든 나무에 시도했다. 그 결과 이 나무들은 모두 동일한 성장 패턴을 나타냈는데, 이는 빈터에 시신이 매장됐다고 생각하기에 나무들이 너무 나이가 많다는 내 판단을 뒷받침했다. 나는 감독관을 불러서 관찰한 것을 설명했다. 그는 처음에 내 말을 믿으려 하지 않았지만 내가 식물을 보여주면서 그렇게 추론한 이유를 설명할수록 그의 눈에서 희망의 빛이 사라져갔다.

종종 그렇듯이 경찰은 그래도 수색을 이어가고 싶어했다. 나도 이 부분은 받아들이게 됐다. 한 개인이 이해를 하더라도 집단은 기존의 익숙한 길을 되밟는 경우가 너무 많다. 식물학자들은 자기만의 이상한 방식을 갖고 있는 사람들이라 일부 사람들은 우리의 생각을 받아들이기 벅찰 수도 있다. 경찰과 나는 아이비로 뒤덮인 땅을 조사했다. 땅 위로 아이비 줄기가 길고 구불구불하게 뻗으며 흙을 꽤 두텁게 덮고 있었다. 다시 한 번 나는 훼손의 흔적을 남기지 않고 이 줄기들을 피해 삽질을 할 수는 없었을 거라는 확신이 들었다. 그리고 훼손의 흔적은 전혀 보이지 않았다. 더 살펴보다가 결국 경찰도 나의 의견을 받아들이고 수색을 종료했다.

아직까지도 경찰은 그 남자의 시신을 발견하지 못했다. 수색이 끝나고 몇 달 후에 경찰은 범죄조직에서 그 남자의 시신을 숲까지 옮기지 않았다는 정보를 확보했다. 그들은 그 남성을 죽인 후에 시신을 드럼통에 넣고 콘크리트로 봉한 다음, 아주 큰 호수에 버렸다고 한다.

10장

# 부서진 이파리 조각

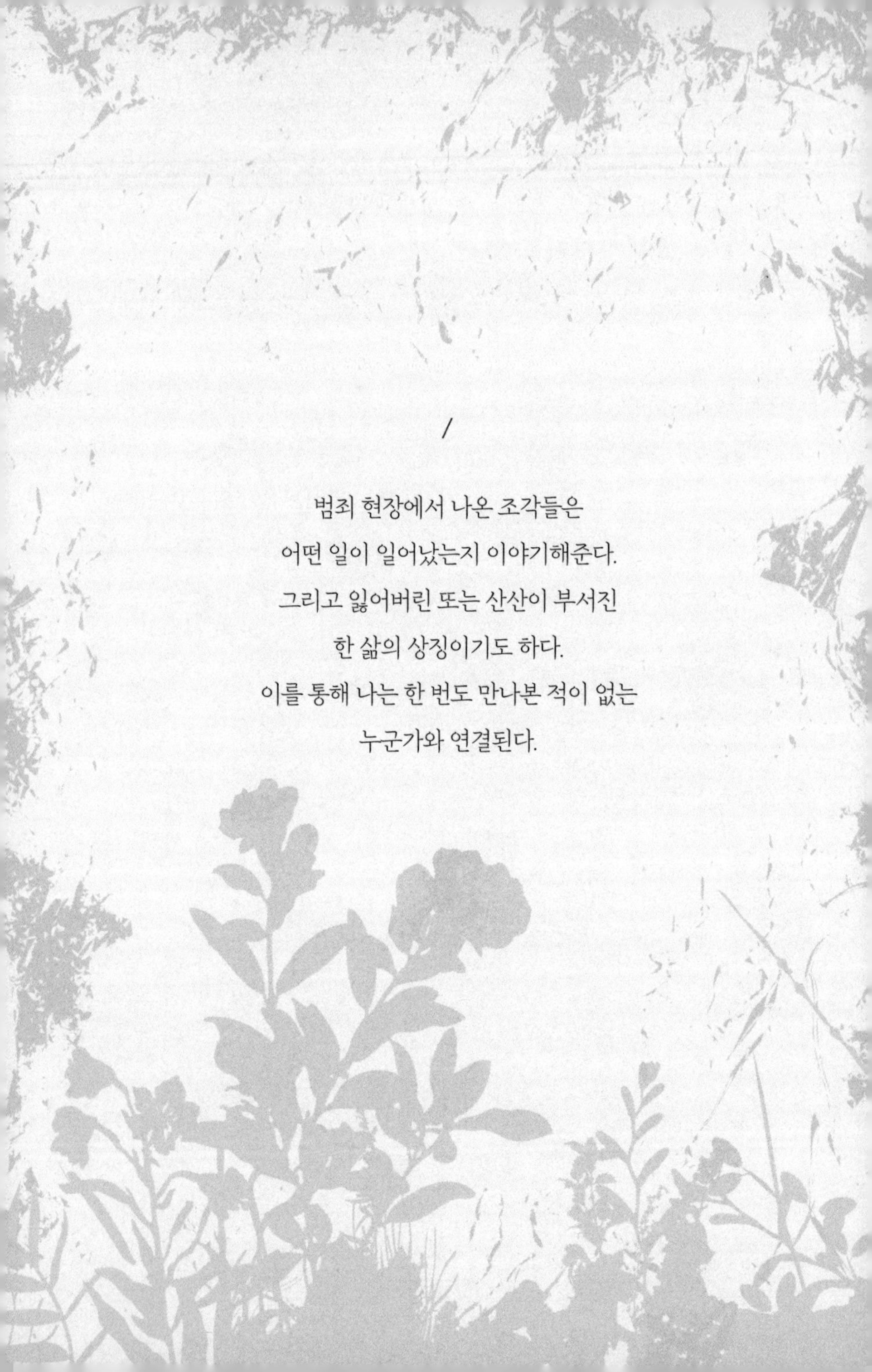

/

범죄 현장에서 나온 조각들은
어떤 일이 일어났는지 이야기해준다.
그리고 잃어버린 또는 산산이 부서진
한 삶의 상징이기도 하다.
이를 통해 나는 한 번도 만나본 적이 없는
누군가와 연결된다.

시신을 찾아내 검사하는 것은 분명 범죄과학에서 대중을 제일 사로잡는 부분이다. 하지만 대부분의 범죄과학 작업에는 느리고 고통스러운 증거물 조사 과정이 수반된다. 이런 작업은 긴장과 흥미가 넘치지는 않지만, 진짜 발견 중 상당수는 이 과정에서 이뤄진다.

영국에서는 증거물 조사가 산업단지 여기저기 흩어진 이름 없는 건물에서 이뤄진다. 이런 건물들은 범죄드라마에서 보는 음울하고 분위기 있는 실험실 세트하고는 완전히 다르다. 조명도 환하고 보통 가구도 별로 설치되어 있지 않다. 그럴 만한 이유가 있다. 이곳에서는 아무것도 잃지 않는 것이 정말로 중요하다. 그래서 모든 행동을 꼼꼼하게 기록한다. 시간이 아주 많이 들고 엄청난 집중력이 요구되는 작업이다. 이런 건물 내부에서 증거물의 이동은 빈틈없이 통제된다. 증거물 통제는 대단히 중요하다. 수사하는 범죄현장이 두 곳 이상인 경우, 두 장소에서 가져온 증거물을 같은 시간, 같은 공간에서 조사하면 안 되기 때문이다. 희생자 및 용의자와 관련된 증거물에도 마찬가지 원칙이 적용된다. 이왕이면 서로 다른 날에 조사하는 것이 좋다. 변호사들은 법정에서 조사가 같은 날짜에 이뤄졌다는 사실을 콕 집어 지적하는 재주가 있다. 조사가 분리된 상태에서 안전하게 이뤄졌는지 배심원들의 마음에 의심을 심어주는 것이다. 그래서 모든 행동을 하나하나 빠짐없이 기록해서 보고해야 한다. 활동에 대한 기록이 빈약하면 법정에서 오심이라는 재앙으로 이어질 수도 있다.

나는 수사의 일환으로 경찰에서 증거물로 보관하는 신발을 조사해야 할 때가 많다. 신발은 보안이 철저하고 출입이 통제된 증거물 보관실에서 가져온다. 사용 전에 미리 청소가 된 적절한 실험실 공간을 배정받는다. 작업대는 알코올로 소독하고 닦아낸다. 그리고 그 작업대 위에 일회용 종이를 한 장 깔아놓는다. 증거물 봉투를 열기 전에는 올바른 증거물을 조사하는지 확인하기 위해 라벨에 적힌 정보를 모두 읽고 확인한다. 그럼 나 또는 나와 함께 일하도록 배정받은 조사원 중 한 명이 봉투를 열기 전에 봉투와 불법조작방지용 봉인을 촬영한다. 그다음에는 신발을 모든 각도에서 꼼꼼하게 사진 촬영한다. 신발에서 식물 조각을 떼어내는 동안에는 그 조각이 신발 어디에 붙었는지를 기록한다. 조각들을 따로 또는 모아서 사진 촬영한 다음, 통에 나누어 담는다. 이 각각의 통에도 하위증거물 번호가 부여된다. 번호 부여 방법이 조금 복잡해질 수도 있다. 작업이 마무리되면 신발을 다시 증거물 봉투에 담고 새로 봉인한다. 그리고 봉인에 서명을 해야 한다. 나는  서명하는 것을 정말 싫어한다. 봉인은 보통 포장용 테이프로 하는데, 그 위에 무엇을 쓰기가 끔찍하게 어렵기 때문이다. 하위증거물에도 똑같은 과정이 진행돼야 한다. 하위증거물이 만들어졌다는 것도 기록해야 한다. 작업이 마무리될 즈음이면 이 중 내게 정말 필요한 하위증거물은 몇 개나 되고, 또 그것이 얼마나 가치가 있을까 생각하느라 머리가 복잡해질 때가 많다.

증거물 조사에도 순서가 있다. 사람의 DNA나 총기 발사 잔여물을 추출하는 작업이 제일 먼저 이뤄진다. 이렇게 하는 목적은 외부에서 유입된 물질이 DNA나 총기 발사 잔여물과 교차오염cross-contamination될 가능성을 막기 위함이다. 사람의 DNA를 담은 증거물을 다루고 저장하는 방법에 관해서는 엄격한 규제가 존재한다. 나와 함께 작업하는 조사원은 모든 과정이 올바른 절차를 따르는지 전체적으로 감독할 책임이 있다. 나는 식물학자다 보니 사람의 DNA로 작업을 해본 적은 없지만 교차오염의 위험은 항상 신경을 쓴다. 내 박사학위 연구는 물에 사는 균류로부터의 DNA 추출에 관한 것이었다. 그래서 격리 절차를 철저히 따르지 않을 경우 DNA 교차오염이 얼마나 쉽게 일어나는지 잘 안다. 박사학위 학생이 균류 DNA 표본에서 조류algae, *Gelidium* spp.나 세균의 DNA를 얻으면 실망할 수밖에 없다. 더군다나 범죄과학 분야에서 오염은 재앙이다. 그래서 나와 조사원은 실험실에서 증거를 조사할 때마다 이 점을 철저히 유념한다. 지금까지 사람이 아닌 생물의 DNA에서는 그와 비슷한 규제가 적용되지 않지만 앞으로는 그렇게 되지 않을까 생각한다. 특히나 환경 DNA[environmental DNA, eDNA]와 네크로바이옴[necrobiome](우리가 죽은 후에 몸 표면이나 몸속에 사는 생물의 공동체)이 범죄수사에 사용되는 경우라면 더욱 그렇게 될 것이다.

죽은 사람의 의복과 개인 소지품은 다루기가 제일 어려운 증거물이다. 풍화나 부패를 거치거나 냄새가 지독할 수 있기 때문이다. 가끔은 옷에 있는 얼룩무늬가 최면을 거는 듯 느껴질 때도 있다. 얼룩 하나하나가 모두 그 사람에게 일어났던 일의 흔적이다. 내가 조사해야 했던 가장 끔찍한 증거물은 파손된 여행 가방이었다. 후에 유죄를 선고받은 그 피의자는 희생자를 살해한 후 그 시신을 여행 가방에 담았다. 시신을 버린 후에는 그 여행 가방을 다른 장소로 가져가 조각조각 자르고 프레임을 박살내 망가뜨리려고 시도했다. 어쩐지 그 망가진 여행 가방에 잔혹했던 살인의 현장이 그대로 반영된 듯 느껴졌다. 여행 가방을 부수겠다는 의지는 확고했을지 모르겠으나 원래의 목표는 달성되지 못했다. 여행 가방 바깥 면에 그 남자의 유죄를 밝히는 증거가 된 흙이 묻었던 것이다.

우리가 어떤 조각이나 파편에 마음이 흔들리는 것을 보면 참 이상하다. 소설을 보면 등장인물이 잃어버린 물건이나 누군가 남긴 조각을 손에 들고 고통스러워하는 장면이 묘사되기도 한다. 가끔 나는 박물관에서 청동기시대 화로에서 출토된 도자기 조각을 보면 온전히 출토된 유물을 볼 때보다 마음이 흔들리기도 한다. 온전히 보존된 것이 훨씬 아름다운데도 말이다. 어쩌면 상실에 대한 두려움 때문인지도 모르겠다. 무슨 이유인지 나는 로제타석Rosetta Stone을 볼 때마다 소실된 부분 때문에 신경이 쓰인다. 소실된 부분을 꼭 찾아야 할 것 같아서 미칠 것 같은 기분도 든다.

범죄가 어떻게 일어났는지 이해하는 데 식물 조각은 아주 강력한 도구가 될 수 있다. 나는 범죄 현장에서 나온 이파리 조각을 자주 전달받는다. 이 조각들은 대개 크기가 작고 마찰, 풍화, 부패로 아주 심하게 훼손되어 있다. 이 각각의 조각은 어떤 일이 일어났는지에 관한 이야기를 들려준다. 그리고 잃어버린 또는 산산이 부서진 한 삶의 상징이기도 하다.

몇 년 전에 성폭행 사건의 피해자에게서 나온 작은 이파리 두 조각을 받은 적이 있다. 범죄가 일어난 뒤 정신적 외상을 입은 피해자는 현장에서 달아났고 범행 장소를 기억할 수 없었다. 경찰은 이 이파리 조각을 사용해서 범행 장소를 특정할 수 있기를 바랐다. 이 이파리는 피해자의 삶을 집어삼킨 끔찍한 사건의 목격자인 셈이었다. 나는 실험실에서 그 이파리를 아주 조심스럽게 움직였다. 증거물을 전문가답게 다뤄야 하기도 했지만, 이 이파리 조각이 아주 끔찍한 일을 '경험'했기 때문이었다. 심하게 훼손된 녹갈색의 이 작은 이파리 조각을 통해 나는 한 번도 만나본 적 없는 누군가와 연결되어 있었다.

식물학자들은 보통 온전히 보존된 표본이나 선별된 표본을 가지고 식물을 식별한다. 이런 표본이 있으면 식물의 정체를 쉽게 알아낼 수 있다. 대부분의 식물학자들은 직경이 1센티미터도 안 되는 찢어진 이파리를 가지고 작업하는 경우가 드물다. 내가 장담하건대 이건 정말 어려운 작업이다. 지구상에는 야생식물의 종류가 엄청나게 다양하기 때문이다. 가장 최근에 추정한 바로는 32만 종 정도라고 한다. 이 모든 종을 다 기억하기는 만만치 않다(사실 현실적으로 이것을 다 기억하기는 불가능하다. 최고의 식물학자라고 해도 아마 몇천 종 정도밖에 기억하지 못할 것이다). 물론 이 많은 종이 모두 영국과 아일랜드의 야생에서 자라는 것은 아니다. 대다수는 열대지방에 있다. 하지만 영국과 아일랜드에도 야생에서 자라는 토착종 식물과 비토착종 식물이 4,800종 정도 된다.

이 중 대다수는 매우 제한적으로 분포했거나, 앞의 사건으로 예상되는 범죄 현장과 아주 먼 곳에서 발견됐다. 그래서 생각해봐야 할 식물종은 몇백 종 정도였다. 잎맥의 그물 무늬(중세 런던의 거리지도를 생각하면 된다)를 통해 이 식물이 풀이나 백합 종류는 아니라는 결론을 내렸다. 풀이나 백합은 잎맥이 평행하기 때문이다(기차역으로 모여드는 여러 줄의 철도선처럼). 다른 많은 후보도 배제했다. 내 마음은 해답을 찾아 머릿속을 어지러이 움직이기 시작했다. 종종 이것이 좋은 출발점이 되어준다. 이파리를 전문적으로 다루는 온라인 자료나 쪽집게 교과서가 있다는 이야기는 들어보지 못했다. 나는 식물학 내용이 담긴 뇌 한구석에서 이런저런 아이디어를 꺼내보며 한두 시간을 보냈다. 뇌에는 40년 남짓 공부한 내용, 무작위로 관찰한 내용, 순간순간 스친 기억 들이 담겨있다. 마음 한구석에서 이 이파리 조각은 나무나 관목에서 나온 것이라는 느낌이 강하게 들었다.

어지러워진 생각에 어느 정도 통제와 짜임새를 부여할 필요가 있으니 좀 더 체계적으로 접근해야겠다는 생각이 들어 영국과 아일랜드의 현장 식물학자를 위한 표준 교과서인 클라이브 스테이스Clive Stace의 《영국 제도의 새로운 식물군New Flora of the British Isles》 3판으로 손을 뻗었다. 이 책은 꽤 두툼해서 경험이 별로 없는 사람들을 겁먹게 하는 책으로 명성이 자자하다. 나는 이 책에 '리걸 스테이스Regal Stace'라는 별명을 붙였다. 책 표지의 테마가 보라색이라는 것도 이유고, 이 책이 식물학에서는 워낙에 권위 있는 책이기도 해서 그렇다! 식물의 이름을 알파벳 순서로 훑으면 내 기억이 자극받을까 해서 색인을 펼쳤다. Abies(전나무), Acanthaceae(쥐꼬리망초과), Acanthus(아칸투스), Acer(단풍나무속) …… 눈이 Betula(자작나무)에서 멈췄다. 무언가 연결되어 있다는 짜릿한 느낌이 들었다. 어쩌면 자작나무의 일종일지도? 그렇기만 하면 아주 좋겠다. 색인 끝의 Zosteraceae(거머리말과)까지 가려면 갈 길이 너무 머니까.

잠시 멈추고 무엇을 해야 할지 생각했다. 정답을 찾았다는 느낌이 왔지만 직관만으로는 부족했다. 내 관찰 결과가 법정의 철저한 추궁에서 버틸 수 있게 준비해야 했다. 가장 좋은 방법은 내가 식별한 내용을 입증하는 것이다. 인터넷에는 식물 사진이 어마어마하게 있으니 그런 온라인 자료를 이용하는 것도 가능하다. 하지만 그중에는 사진의 질이 떨어지고 이름이 잘못 붙여진 것이 많다. 그리고 대부분 과학적으로 검증이 안 된 것들이다. 법원에 올리는 보고서에 중범죄수사의 증거물을 위키피디아에서 얻은 이미지와 비교해봤다는 진술을 넣었다가는 반대측 변호사가 아주 신이 날 것이다. 식물 표본실에서 가져온 진짜 식물 표본을 이용하는 것이 현명한 방법이다. 이렇게 하면 현미경으로 증거물과 식물 표본을 직접 비교해볼 수 있다는 장점이 있다. 식물 표본실 표본은 경력이 풍부한 식물학자가 식별한 것이다(당연히 그래야 한다). 각각의 표본에는 '확인determination'이라고 적혀있다. 식물학자가 식별 내용을 검증했다는 의미다. 나는 식물 표본실로 가서 영국 자작나무의 표본을 찾았다. 그리고 둘을 비교해보기 시작했다. 이 이파리 조각은 영국의 토착종 자작나무 중 하나인 '처진자작나무silver birch, *Betula pendula*'와 일치했다.

함께 일하는 범죄과학 업체에 연락해서 경찰과 현장을 방문할 일정을 잡았다. 늘 그렇듯이 그곳에 도착하고 보니 아주 추웠다. 수색 지역은 도로변 길가 몇백 미터를 아우렀다. 남부 잉글랜드 작은 도시의 변두리에 자리 잡은 아주 음산하고 고립된 장소였다. 제일 풍부한 나무와 관목은 산사나무, 참나무, 물푸레나무였다. 조심스럽게 앞뒤로 걸어다니다가 처진자작나무가 자라는 작은 영역을 두 곳 발견했다. 초겨울이었는데도 낙엽들이 어지럽게 떨어져 있지는 않았다. 나는 형사에게 성폭행은 이 두 장소 중 한 곳에서 일어났을 것이라고 말해줬다.

종종 그렇듯이 나는 수사의 진행 상황에 관해서는 경찰에게 아무 이야기도 듣지 못했다.

◡◡◡◡◡

어떤 사건에서 나는 수사팀의 일에 잠깐 얼굴을 비쳤다 사라지는 존재에 불과하다. 아마도 경찰이 지금처럼 바쁘지만 않았다면 나 같은 전문가들에게 수사 결과를 알려줄 마음이 들지 않았을까 싶다. 하지만 그냥 깜박하는 것 같다. 보통 경찰은 동시에 여러 사건을 맡을 정도로 바쁘기 때문이다. 나는 경찰에게 수사 결과를 듣고 싶다. 거기서 어떤 것이 효과가 있었고, 어떤 것이 효과가 없었는지 알면 큰 도움이 될 것이다. 하지만 내가 그들에게 전화를 걸어 꼬치꼬치 캐물을 수는 없는 노릇이다!

이파리는 보기와 달리 놀라울 정도로 복잡한 구조물이다. 각각의 이파리 또는 범죄 현장에서 자주 접하는 형태인 이파리 조각은 경험 많은 관찰자에게 식물의 기원에 관해 많은 것을 알려준다. 이파리의 주요 기능은 식물의 표면적을 늘리는 것이다. 이것은 두 가지를 위해 중요한 기능이다. 하나는 호흡, 하나는 광합성이다. 이파리의 크기와 형태는 그 식물이 진화한 환경조건의 제약을 받는다. 이파리는 맛있는 경우가 많아서 동물들의 포식활동 역시 중요한 요인으로 작용한다! 이런 진화압evolutionary pressure(생물들이 자신에게 가해지는 외부의 압력에 저항하는 방향으로 진화하는 과정 –옮긴이)

때문에 이파리는 다양한 형태로 진화한다.

이파리에서 다양하게 나타나는 특성 중 하나는 '엽모hair'라는 털이다. 어떤 식물은 엽모가 없는 반면, 어떤 식물은 아주 많다. 식물에서 엽모가 발달하는 주요한 원인은 포식, 수분 상실, 햇빛이다. 당연한 이야기지만 포식자는 온갖 크기와 형태로 존재한다. 풀을 뜯어 먹는 몸집 큰 동물들이 식물을 먹기를 단념하는 이유는 보통 독성이나 통증 때문이다. 여기에 해당하는 잘 알려진 사례로 쐐기풀이 있다. 쐐기풀의 엽모는 끝이 날카롭고 잘 부러진다. 툭 하면 부러져서 피부를 뚫고 들어가 포름산formic acid, 히스타민histamine, 아세틸콜린acetylcholine을 주입한다. 이 가시에 찔리면 아프다고 투덜거리는 수준에서 끝나지만 어떤 식물은 훨씬 더 강력한 한 방을 날린다. 바로 쐐기풀의 무시무시한 사촌인 김피-김피gympie-gympie, *Dendrocnide moroides*다. 말과 개도 죽이는 수준의 고통을 준다고 알려진 호주산 식물로, 여기에 찔리면 극심한 통증이 며칠 동안 이어진다. 작은 동물들의 포식활동은 움직임을 방해하는 엽모를 갖춤으로써 줄일 수 있다. 당신이 진딧물이라고 상상해보자. 그럼 키가 1밀리미터도 안 되기 때문에 자기 키의 두세 배 되는 엽모를 헤치고 기어 다니기가 쉽지가 않다. 무성한 대나무 숲을 헤치고 걷는 것과 비슷할 것이다. 이동 속도도 느려지기 때문에 무당벌레 같은 포식자에게 잡아먹히기도 훨씬 쉬워진다.

건조한 서식지에 사는 식물들의 엽모는 이파리 표면 위 공기의 흐름을 늦추어 수분 상실을 줄이고 습도를 높이는 데 도움이 된다. 그리고 크기가 작은 경우가 많지만 각각 작은 그림자를 드리운다. 이파리 표면에 닿는 햇빛의 양을 줄여 온도를 낮추기 위해서다. 고도가 높은 곳이나 햇빛이 강한 환경에서는 엽모가 이파리를 자외선에서 보호하는 역할도 한다. 엽모가 아주 많은 회색 이파리가 달린 식물을 보면 지중해 지역처럼 뜨겁고, 햇빛이 강하고, 건조한 환경에서 온 식물일 가능성이 높다는 것을 유추할 수 있다. 이런 시각적 단서는 정원사에게도 쓸모가 있다. 엽모가 있는 회색 식물들은 대부분 그늘에서는 잘 살지 못한다. 이런 식물은 햇빛을 많이 쬘 수 있게 해줘야 한다. 영국과 아일랜드 대부분의 지역은 크게 건조하지 않기 때문에 엽모가 많거나 회색인 식물은 상대적으로 드물다. 이런 식물이 있어도 대체적으로 섬의 동남쪽 해안지역에 국한해서 분포한다. 물론 영국과 아일랜드의 식물 중 상당수는 엽모를 가지고, 형태 또한 다양하다. 이런 다양성이 이파리 조각을 식별하는 결정적 단서가 될 수 있다.

엽모는 식물의 세포로 만들어진다. 엽모 하나는 길고 가는 세포 하나일 수도 있고, 몇 개의 세포가 기차의 객차처럼 이어져서 만든 것일 수도 있다. 이 중에는 아주 짧아서 몇 분의 1밀리미터 정도에 불과한 것도 있고, 몇 밀리미터 길이인 것도 있다. 길이만 다양한 것이 아니다. 어떤 엽모는 밑동이 볼록하다. 어떤 엽모는 끝에 구형세포globular cell나 선세포grandular cell를 가진다. 이 세포들은 휘발성 기름을 담고 있을 수 있다. 선모glandular hair라는 엽모는 보통 꿀풀과 식물에서 흔하게 나타난다. 꿀풀과는 세계적으로 규모가 큰 식물과 중 하나로 7,500종 정도를 거느린다. 그중 영국과 아일랜드에는 약 80종의 야생식물과 정원에서 자라는 수백 종의 재배식물이 있다. 선모의 끝에서 발견되는 향기로운 휘발성 기름 때문에 백리향, 로즈메리, 바질, 세이지 등의 꿀풀과 식물에서는 독특한 냄새와 맛이 난다. 이 기름 성분이 특정 초식동물을 물리치고 수분 손실을 줄이는 역할을 한다.

어쩌면 영국 내 식물에서 발견되는 엽모 중 가장 독특한 것은 끝이 갈라지는 엽모일 것이다. 가지엽모branched hair는 형태가 아주 다양하다. 국화과Asteraceae의 일부는 작은 소리굽쇠처럼 끝이 두 갈래로 갈라지는 가지엽모를 갖고 있다. 식물에 대한 지식이 없는 사람들은 소리굽쇠 모양 엽모를 가진 이 식물 중 일부를 민들레dandelion, *Taraxacum Platycarpum*로 생각할 수 있다. 식물학자들은 소리굽쇠 모양 엽모가 있는 호크비트hawkbit, *Leontodon oporinia*(가운데 꽃은 나머지보다 꽃잎이 짧다는 점에서 일반 민들레와 다르다 -옮긴이)를 민들레와 구분할 때 여러 특성들 중에서도 이 엽모를 사용한다. 호크비트는 꽤 흔하지만 서식지에 관해 꽤 까다로운 조건을 갖고 있다. 식물이 너무 밀집되어 있거나 영양분이 가득한 초원에서는 적응을 하지 못한다. 새로 만든 잔디밭이나 축구장에서 호크비트를 볼 가능성은 낮다. 하지만 비교적 건조하고 배수가 잘 되는 흙에서 다른 식물과 함께 자라는 것은 쉽게 볼 수 있다. 그래서 표본에서 호크비트의 엽모를 발견하는 경우에는 이 표본이 어떤 환경에서 왔는지 밝히는 데 큰 도움이 된다. 슬프게도 민들레는 별로 도움이 안 된다. 현재 영국과 아일랜드에서 우리가 아는 민들레 종류는 거의 250종 정도다. 이 중 상당수는 흔하고 쉽게 볼 수 있는 반면, 어떤 것은 아주 희귀해서 산 정상이나 오래된 소택지 같은 특화된 서식지에만 산다. 그런데 문제는 상황이 아주 좋은 경우라 해도 이들을 식별하기가 쉽지 않다는 점이다. 식별이 가능하려면 성숙한 이파리, 꽃, 꽃가루, 씨앗을 모두 조사해야 한다. 이파리 조각만으로 식별하기는 거의 불가능에 가깝다. 지금까지도 민들레를 범죄과학 수사에 사용할 방법은 나오지 않았다.

가장 아름다운 엽모가 가장 독특한 엽모인 경우도 있다. 별모양 가지엽모는 다리가 가는 문어나 불가사리처럼 보일 때도 많다.

이런 엽모는 쉽게 부러져서 옷, 카펫, 머리카락에 잘 달라붙는다. 이런 특성이 범죄과학 수사에서 아주 유용하게 쓰인다. 십자화과Brassicaceae와 아욱과Malvaceae의 일부 식물들은 아이비와 비토착 침입종 부들레야처럼 아주 독특한 별모양 엽모를 가진다.

과학 정보를 제시하기가 항상 쉽지는 않다. 나는 관찰한 내용을 말로 제시해 수사가 활발하게 진행되도록 도울 능력을 갖춰야 한다. 내 박사학위 논문 주제인 난균류*Peronosporomycetes*에 관한 방대한 지식으로 현장 감독관을 감탄하게 만든다 한들 아무런 도움이 안 된다. 과학적 엄격함을 유지하면서 동시에 비전문가도 알아들을 수 있게 설명하는 것은 힘든 도전이다. 또한 경찰과 법원 양쪽 모두에 제출할 보고서를 작성하는 것은 느리고, 때로는 지루한 일이다. 한 단어, 한 단어 신중하게 선택해야 하고, 정보도 모두 꼼꼼히 확인해야 한다. 눈곱만 한 실수 하나로 변호사가 법정에서 당신을 박살낼 수 있다. 깊이 생각해서 작성한 보고서는 관찰한 모든 내용과 행위를 명확하게 제시하기 위해 밟아야 할 아주 중요한 단계다. 결론을 뒷받침하는 정보와 추론도 명백해야 한다. 날짜, 시간, 증거물 번호 같은 정보를 언급할 때 사소해 보이는 오류만 나와도 재앙으로 이어질 가능성이 있다. 이런 사소한 실수만으로도 변호사는 전문가 증인의 신뢰성을 뒤흔들어 놓을 수 있다. 보고서를 제대로 작성하지 않으면 법정에 불려나가 아주 불쾌한 경험을 하게 될 것이다. 그렇지만 과학적으로 정확하게 보고서를 잘 썼다고 시달림을 당하지 않는다는 보장은 없다. 무언가 논란의 여지가 있거나 조사가 필요한 부분이 있으면 증인으로서 법정에 서게 된다. 지금까지 나는 꽤 많은 보고서를 철저하게 준비해서 제출했지만 세 번 정도 법정에 호출돼 나간 적이 있다.

증거를 제시하기 위해 호출을 기다리는 것은 아주 지루하고 긴장되는 시간이다. 혹시나 모를 오류가 있지 않았나 머릿속에서 보고서를 끊임없이 돌려보고, 행여 오류가 발견되면 공황상태에 빠진다. 나는 범죄수사 자료들을 보관하는 암호화된 하드드라이브를 갖고 있는데 여기서 예전에 주고받은 이메일을 읽고, 이미지를 확인하며 간과했던 정보를 찾을 수 있다. 다행히도 전문가 증인으로 혼자 출석하는 경우는 드물다. 보통은 몇 명이 같이 나가고, 각자가 긴장을 관리하기 위한 임무를 하나씩 맡는다. 벼락치기 시험공부를 하는 10대 청소년처럼 어떤 사람은 자신감을 불어넣는 역할을 하고, 어떤 사람은 두려움을 다독거린다. 내가 마지막으로 출석했던 법정에서는 다섯 명이 증거를 제시하러 나왔고, 각자 자신의 전문 영역이 있었다. 나와 함께 자리했던 사람들은 생물통계학자, 총기 발사 잔여물 전문가, 유리가 산산이 부서지는 패턴을 분석하는 사람 그리고 DNA를 다루는 사람이었다. 이 정도면 배심원이 하루에 이해하기에는 만만치 않은 정보량이다.

전문가는 검찰 측에서 끌어들일 수도 있고, 변호사 측에서 끌어들일 수도 있지만, 전문가 증인의 1차적 임무는 법정에 충실하는 것이다. 바꿔 말하면 우리는 편견 없는 방식으로 우리의 증거와 결론을 제시하는 것을 목표로 삼아야 한다. 나 그리고 함께 한 다른 전문가 증인들은 '형사절차법Criminal Procedures Rules'을 준수할 것을 요구받았다. 이 법은 전문가 증인의 임무 그리고 우리의 일을 어떻게 수행할 것인지 규정한다. 나는 또한 광범위한 신원조사와 보안검사도 받았다. 내가 여전히 인간성이 좋은지 확인하기 위한 것이다! 이런 부분을 이야기하면 보통 가족과 친구들은 웃음을 터트린다. 이들은 100이면 100, 내 인간성에 의문을 표하는 사람들이니까.

어떤 형태로든 조사를 할 때는 기록보관소와 데이터가 필수다. 증거를 조사할 때도 분명 그렇다. 야생과 초원에서 자라는 식물의 열매와 엽모에 대한 디지털 기록보관소가 있다면 정말 좋았을 것이다. 그럼 아주 편리하고 시간도 크게 절약할 수 있다. 안타깝게도 영국에는 현재 디지털 기록보관소가 존재하지 않는다. 현재의 경제 상황을 고려할 때 당분간 생길 것 같지도 않다. 그때까지는 계속 전통 방식으로 식물 표본실을 이용해서 식물 조각을 식별할 수밖에 없다.

◡◡◡◡◡

가장 중요한 자료를 딱 하나만 꼽으라면 단연코 식물 표본실이다. 하지만 이렇게 말해서는 식물 표본실의 중요성을 온전히 표현할 수 없다. 도서관도 놀라운 곳이기는 하지만 도서관에는 대체로 다른 곳에 있는 자료의 복사본이 있다. 하지만 식물 표본실에 있는 각각의 표본들은 세상에 하나밖에 없다. 식물 표본실은 눌러서 말린 식물들을 모아놓은 곳이다. 이전 세기에는 이 표본들을 합본해서 보관하고, '호르투스 시쿠스hortus siccus'라고 불렀다. '말린 정원'이라는 의미다. 요즘에는 각각의 표본을 개별 시트에 끼워 넣어 보관한다. 각각의 시트에는 그 표본이 식물의 학명과 함께 언제, 어디서, 누가 채집했는지에 관한 정보가 적혀있다. 식물 표본실 시트에 이런 정보들이 기록된 이유는 전 세계 식물 표본실에 보관된 표본의 숫자가 3억 5,000만 개에 이르기 때문이다. 나중에는 표본마다 각각의 식별 번호도 부여하면 좋겠다. 시트를 제자리에 두지 않는 경우가 생기기 쉽기 때문에 고유 식별 번호를 부여하면 큐레이터가 관리하는 데 도움이 될 것이다. 연구 목적으로 다른 기관에 표본을 빌려주는 경우가 많아 더욱 그렇다.

자연사박물관의 식물 표본실에는 520만 개의 시트가 보관된 것으로 추정된다. 이 박물관에서 일할 때 나는 영국과 아일랜드에서 수집한 62만 개 정도의 표본을 관리했다. 이 섬나라의 야생에서 자라는 것으로 추정되는 4,800종보다 훨씬 많은 숫자다. 성경의 노아와 달리 박물관 큐레이터는 종마다 표본을 두 개씩만 모으는 것으로는 만족하지 못한다. 표본을 여러 개 확보해두기를 좋아한다. 같은 종이라도 그 안에 차이가 존재하기 때문이다. 차이가 상당할 때도 많다. 식물은 특히나 다양해서 조사할 때 참조할 채집 표본을 갖고 있으면 한 식물종 안에서 생기는 자연적 변이를 이해할 때 대단히 유용하다. 종의 진화와 관련된 다양한 요인이 야기한 변이 말이다. 경우에 따라서는 식물 표본실에 각각의 종에 관해 수백, 심지어는 수천 개의 표본이 보관되어 있을 때도 있다. 박물관 수집품의 규모는 박물관이 맡는 핵심 역할 때문에 계속 늘어난다. 바로 자연사 표본의 과학적·문화적 유산을 보호 및 보존하는 것이다. 만약 수집품이 가치가 있고, 또 박물관에서 그것을 감당할 여력이 된다면(요즘에는 과연 이런 여력이 있는지 점점 의심스러워진다) 박물관은 그 수집품을 받아들일 것이다. 이렇게 풍부하게 수집된 표본은 기후변화 연구 등 점점 더 폭넓은 과학적 용도로 사용할 수 있다. 박물관 표본은 우리의 세상이 어떻게 변하고 있는지에 관한 과거의 환경 정보를 고스란히 고정해서 보관한다. 이 표본들은 범죄과학 수사에서도 더할 나위 없이 소중하다.

한번은 방화사건에서 나온 증거물을 조사해달라는 요청을 받은 적이 있다. 그 용의자는 건물 방화미수 혐의로 체포됐다. 용의자는 방화를 시도한 후에 문으로 빠져나갔다. 방화미수범으로서는 불행한 일이지만 10분 후에 이 사건을 알고 있었던 경찰관이 그를 멈춰 세우고는 의심스러운 행동을 한다고 판단해서 체포했다. 경찰관은 용의자를 경찰서로 데려가서 아주 이례적인 일을 했다(내가 아는 한 확실히 이례적인 일이다). 용의자를 플라스틱시트 위에 세운 다음 옷을 꼼꼼히 관찰하면서 솔로 털어낸 것이다. 그리고 바닥으로 떨어진 잔해들과 용의자의 옷에서 회수한 잔해들을 증거물로 확보해서 내게 보냈다. 이렇게 취합한 증거물은 이파리 두 장과 꽃 하나가 고작이었고, 각각의 길이도 5밀리미터를 넘지 않았다.

경찰은 범죄 현장도 방문해서 증거를 하나 더 회수했다. 불을 붙이는 데 사용된 마른 식물을 건물 울타리에서 찾아내 내게 보냈다. 각각의 증거물은 별도의 봉인된 봉투 안에 담겨 도착했다. 용의자에게서 회수한 식물 조각은 너무 작았기 때문에 나는 그 조각들을 해부현미경에 올려놓고 검사했다. 그리고 이 조각들이 일치하는 것을 보고 같은 종류의 식물에서 나온 것임을 신속하게 확인했다. 이 이파리들은 크기가 작았고 바늘 모양에 가장자리가 살짝 말렸으며 표면 전체에 샘이 많이 분포했다. 영국의 야생에서 자라는 식물에서는 찾아보기 드문 형태기 때문에, 나는 곧 이 식물이 원래는 건조한 기후나 지중해성 기후를 가진 더 따뜻한 곳에서 온 거라는 의심이 들었다. 꽃 역시 아주 독특해서 영국에 널리 있는 그 어떤 야생식물과도 닮지 않았다. 잠시 골똘히 생각에 잠긴 나는 곧 이 식물의 정체가 무엇이고, 세계 어느 지역에서 왔는지에 관해 그럴듯하게 추리했다.

나는 바빴다. 항상 바빴다고 말해야 옳을 것이다. 사람들은 박물관 큐레이터를 한 자리에 오랫동안 엉덩이를 붙이고 앉아서 일하는 사람이라 생각한다. 그렇지 않다. 대부분의 큐레이터는 멀티태스킹 전문가라서 보통 동시에 몇 건의 큐레이션 프로젝트를 진행하면서 자원봉사단을 관리하는 경우가 많다. 동시에 논문도 작성하고, 지원금 신청서 초안도 쓰고, 전 세계에서 날아드는 이메일 문의에도 답장을 보내고, 최근의 갤러리 현황에도 관심을 가져야 하고, 후원금 모집을 위해 억만장자들의 파티에도 참여해야 하고, 텔레비전에서 하는 이상한 인터뷰에도 응해야 한다. 이런 활동들은 대부분 아주 재미있다!

그렇지 않아도 발바닥에 땀이 나게 바쁜데 비교적 편안하게 조사할 수 있는 62만 점의 작은 소장품을 떠나 자연사박물관 종합 식물 표본실로 가봐야 한다고 생각하니 더 바빠지는 기분이 들었다. 이곳의 표본은 수백만 점에 이른다. 종합 식물 표본실은 영국과 아일랜드를 제외한 전 세계의 식물을 소장한다. 이것은 놀라운 소장품이다. 박물관 식물 소장품 중에는 제임스 쿡James Cook 선장이 1768년에 조지프 뱅크스Joseph Banks, 대니얼 솔랜더Daniel Solander와 함께 호주에서 채집한 최초의 식물 표본도 있고, 분류학의 아버지인 카를 린네가 젊은 시절 네덜란드에서 연구한 식물도 있다.

식물 표본실은 동굴 같아서 박물관에서 꽤 오랫동안 일한 나도 바로바로 표본을 못 찾을 때가 있다. 나는 최대한 빠르게 답변을 보내야 했는데, 그때 은퇴 이후에도 자발적으로 이 소장품 관련 일을 이어가는 동료가 생각났다. 자연사박물관의 수집품에 매혹되는 사람이 많다. 그래서 은퇴한 이후에도 계속 나와서 일하는 사람들이 드물지 않다. 어떤 경우는 수십 년 동안 그러기도 한다. 동료는 이 미로 같은 식물 표본실을 손바닥처럼 훤히 알았다. 나는 동료에게 작업하는 증거물과 맞아떨어지는 표본을 추적할 수 있겠는지 물어봤다. 약 45분 후에 그녀가 맞는 짝을 찾아 들고 내 책상으로 찾아왔다(내 생각보다 두세 시간이나 빠른 시간이었다). 동료는 자기 몸 앞쪽으로 조심스럽게 표본을 잡았다(이것은 표본을 잡을 때 엄격하게 지켜야 할 규칙이다. 300년이나 된 마른 식물은 쉽게 부서진다). 언뜻 봐도 제대로 찾아왔다는 것을 알 수 있었다. 그럴 줄 알았다. 동료는 자기비하가 심해서 그렇지 정말 똑똑한 사람이었다. 박물관이 대단히 위계적이던 시절 출신인 이 동료는 박사학위가 없는데, 그때만 해도 학위를 갖춘 사람이 더 능력 있는 사람으로 인식됐다.

확실하게 하기 위해 나는 박물관 표본을 현미경에 올려놓고 조사했다. 같은 식물이거나 아주 가까운 친척 식물임이 분명했다. 나는 수집품의 세부사항을 기록한 다음, 표본을 원래 있던 자리로 돌려보냈다. 그리고 내 책상으로 돌아와 그 식물에 관해 조사했다. 영국 야생에서 발견되는 식물이 아니었다. 동남아시아와 호주의 건조한 지역에서 온 식물이었다. 영국 식물원에서도 종종 키우기는 하지만 대부분의 지역이 너무 추운 영국 야생에서는 자라지 못하는 식물이었다. 더 조사해보니 이것이 빗자루나 가벼운 덤불울타리를 만들 때 가끔 사용된다는 것을 알아냈다. 이 마지막 정보는 대단히 만족스러웠다. 건물에서 확보한 증거물은 덤불울타리에서 나온 것이었다. 나는 관찰한 내용과 결론을 적었다. 용의자의 옷에서 채취한 나뭇잎과 꽃 조각은 범죄 현장에서 나왔을 가능성이 대단히 높다는 것이 나의 결론이었다.

범죄과학에 환경정보를 이용하는 사람들은 모두 직접적으로든 간접적으로든 자연사박물관 수집품에 보관된 수백만 개의 표본에 의지한다. 토양 유형 프로파일링도 토양 표본을 조사하고 채집해 온 전 세계 토양 과학자들이 몇 세기에 걸쳐 축적한 지식에 의존한다. 토양 보관소는 토양이 얼마나 다양하고, 어디서 온 것인지 이해할 때 없어서는 안 될 도구다. 크랜필드에 있는 토양농식품연구소Cranfield Soil and AgriFood Institute의 소일스케이프 지도Soilscapes map(잉글랜드와 웨일스에 걸친 1:25만 척도로 단순화된 토양 데이터 집합 보고서 –옮긴이)를 살펴보면서 어머니가 사는 마을의 토양은 '소일스케이프 7'(물 빠짐이 좋고 살짝 산성이지만 염기가 풍부한 토양)이고 이 유형의 토양이 잉글랜드와 웨일스의 3.1퍼센트를 차지하고 있음을 알게 됐다. 영국토양관측소UK Soil Observatory에서 나온 다른 자료에서는 좀 더 구체적인 정보를 제공한다. 수사관은 이런 정보를 이용하면 용의자의 소지품에서 나온 흙을 조사해 그가 어디에 있었는지에 관한 중요한 정보를 얻을 수 있다.

처음 범죄 현장에서 돌아온 후에 박물관의 곤충학 동료는 내가 채집한 유충과 번데기 표본을 꼼꼼하게 조사했다. 채집한 유충과 곤충은 곤충학과 범죄과학 분야에서 수십 년의 작업을 통해 축적된 수집품과 비교한다. 이 작업에서 큰 부분을 차지하는 것은 곤충 유충이 얼마나 빨리 자라는지 이해하는 것이다. 시신을 먹는 곤충 유충이나 근처에서 발견되는 번데기는 죽은 지 얼마나 됐는가를 뜻하는 '사후경과시간'을 평가하는 수단으로 유용하다. 사람들은 돼지의 시체를 이용해서 곤충이 서로 다른 환경조건 아래서 어떻게 자라는지 관찰하는 수십 건의 실험을 진행했다. 모든 연구는 동료심사peer review가 이뤄지는 학술지에 논문으로 발표해야 한다. 동료심사란 그 연구가 철저하게 진행됐고, 논문이 내리는 결론이 관찰한 내용을 정확하게 반영했는지 검토하는 과정이다. 내 동료 곤충학자같은 과학자들은 자신의 연구를 뒷받침하기 위해 채집한 표본들을 보관해둔다. 그다음 이 표본들은 자연사박물관에서 관리하는 다른 약 8,000만 개의 표본과 함께 관리된다. 박물관에서 보관하는 표본들은 발표된 과학연구를 뒷받침하는 필수 정보다.

씨앗과 열매는 범죄 현장이나 용의자로부터 확보한 증거물에서 종종 추출되는 또 다른 유형의 식물 성분이다. 엽모와 마찬가지로 씨앗과 열매도 대단히 다양하다. 너무 심하게 손상되지 않은 경우, 쉽게 식별 가능한 경우가 많다. 씨앗과 열매의 차이는 무엇일까? 식물학적으로 말하자면 열매는 씨앗을 품은 구조물을 말한다. 먹는 과일과는 다른 의미다. 식물학자의 입장에서 보면 열매는 단단할 수도, 부드러울 수도, 건조할 수도, 즙이 많을 수도, 섭취 가능할 수도, 독이 있을 수도 있다. 열매의 구조는 어마어마하게 다양하다. 이렇게 다양한 이유는 식물의 열매가 씨앗을 환경으로 퍼뜨릴 때 핵심 역할을 하기 때문이다. 씨 퍼뜨리기는 식물의 생존에서 가장 중요한 부분이다. 사람과 마찬가지로 식물도 결국에는 부모에게서 벗어나야 한다.

일부 유형의 열매는 법의환경학에서 가치가 제한적일 수 있다. 자작나무나 단풍나무의 열매처럼 바람을 통해 퍼지는 열매는 이동성이 대단히 좋아서 부모 식물로부터 아주 먼 거리에서도 발견되기 때문이다. 제일 유용한 열매는 아주 짧은 거리로만 퍼지거나, 동물에 의해 퍼지도록 진화한 것들이다. 야생식물 중에는 지나가던 동물이나 새의 털에 달라붙도록 진화한 열매를 맺는 것이 많다. 이런 열매가 용의자나 희생자의 옷에 달라붙은 경우가 종종 있다. 우엉, 갈퀴덩굴, 허브베니트 등의 식물은 숲에서 산책을 하고 난 후에 옷에 잘 달라붙는다. 이런 식물은 용의자를 특정 장소와 연관 지을 때 아주 유용하다. 씨앗의 잔해와 열매 조각이 토양 표본에서 발견된 경우라고 해도 마찬가지다. 예컨대 경작지 가장자리에서 자라는 식물군은 목초지에서 자라는 식물군과 아주 차이가 있다.

이런 차이는 식물학자가 범죄가 일어난 장소를 확인하거나 용의자를 범죄 현상이나 희생자와 연관 지을 때 도움이 될 수 있다. 이런 일을 할 때는 식물의 정체를 파악하고, 이 식물이 어디서 자라고 어떻게 번식하는지 이해하는 것이 열쇠다.

11장

# 현미경으로만 볼 수 있는 증거들

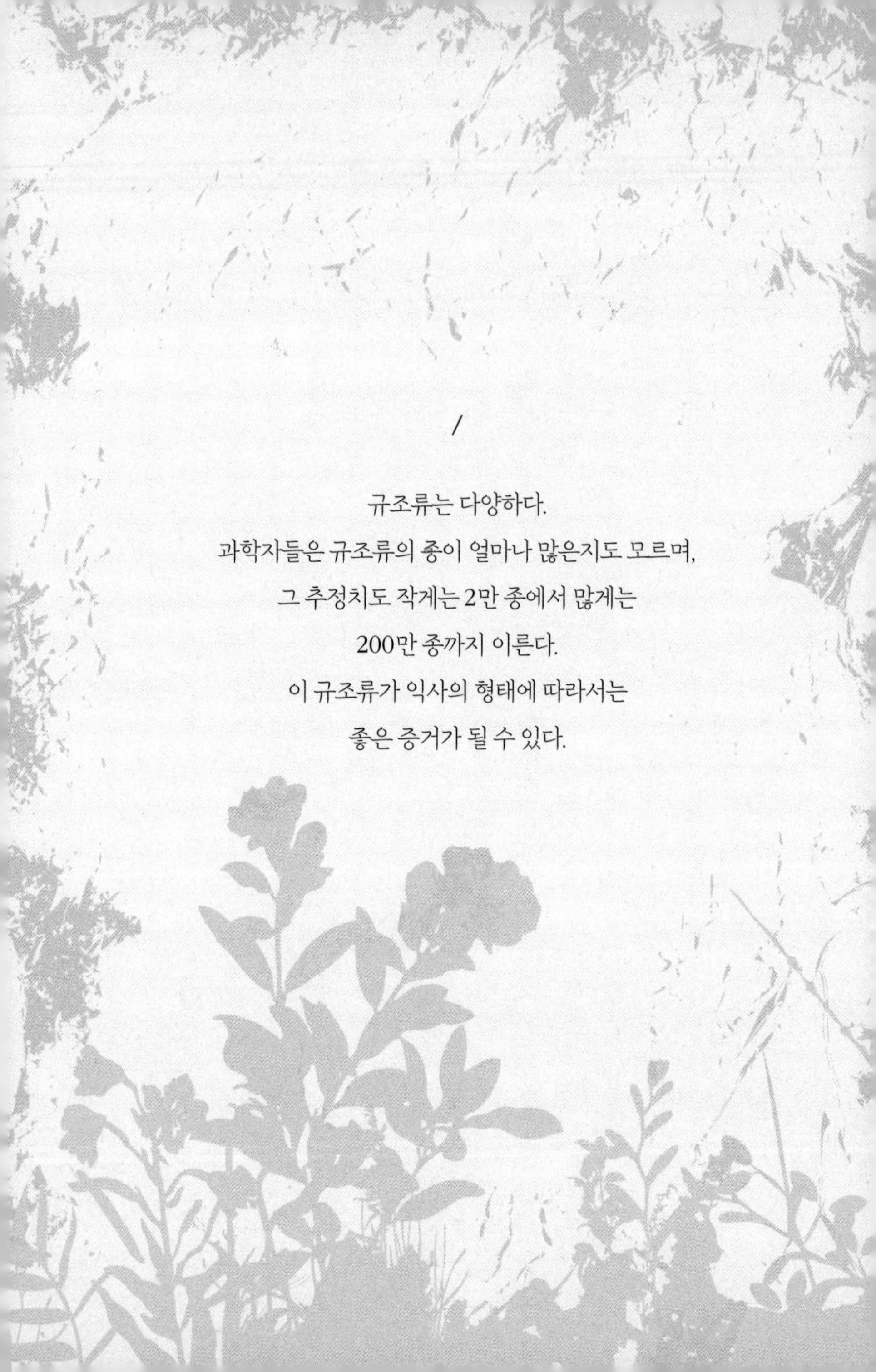

/

규조류는 다양하다.
과학자들은 규조류의 종이 얼마나 많은지도 모르며,
그 추정치도 작게는 2만 종에서 많게는
200만 종까지 이른다.
이 규조류가 익사의 형태에 따라서는
좋은 증거가 될 수 있다.

죽음에 관한 두려움은 모두의 본능에 새겨져 있다. 더러는 그런 두려움을 다스리는 법을 찾아내기도 하지만, 슬프게도 그 두려움에 사로잡혀서 사는 사람도 있다. 물에 빠져 죽는 게 제일 무섭다는 사람이 많다. 내가 여덟 살쯤이던가. 친구 하나가 동네 연못에 빠져 거의 죽을 뻔했다. 우리는 얼음판 위에서 놀았는데 그 여자아이가 얼음 구멍에 빠지고 말았다. 얼음판 아래서 우리를 바라보던 그 아이의 얼굴이 아직도 생생하게 떠오른다. 우리는 어쩔 줄 모르고 겁에 질려 얼어붙고 말았다. 다행히도 그 아이는 빠졌던 구멍으로 돌아왔고, 우리의 도움을 받아 빠져나왔다.

나는 물에 빠져 거의 죽을 뻔한 사람들의 이야기를 몇 편 읽어봤는데, 그중에는 극심한 공포와 고통을 묘사하는 것이 많았다. 공감이 간다. 산소가 부족하면 고통스럽기 때문이다. 나도 많은 사람처럼 천식이 있는데 천식 발작이 심할 땐 진짜 아프다. 사람을 물에 빠뜨려서 죽이는 경우는 드문데, 보통 공격하는 사람이 희생자보다 힘이 월등히 센 경우에만 가능하기 때문이다. 당연한 이야기지만 누군가 자기를 물속으로 밀어 넣으려고 하면 사람은 저항하기 마련이라서 그렇다. 물론 희생자에게 약을 먹이거나 때려서 기절시킨 다음 물에 빠뜨리는 경우도 있다.

좀 놀라운 이야기지만 익사에도 몇 가지 형태가 존재한다. '마른익사dry drowning'는 물에 잠긴 후에 사람이 숨을 쉬려고는 하는데 뒤통수 근육들이 수축해서 기도가 막혔을 때 일어난다. 이때 사람은 산소 결핍으로 사망하지만 폐에 물이 차지는 않는다. 마른익사로 목숨을 잃는 사람은 상대적으로 드문 편이다. 보통은 폐에 물이 차는 '젖은익사wet drowning'로 죽는다. 이런 경우 뒤통수 근육의 경련이 일어나지 않기 때문에 물이 막힘없이 기도를 따라 폐까지 들어간다. '2차익사secondary drowning'는 사람을 물에서 건져낸 다음에 일어나며, 30분 만에 일어날 수도 있고 며칠 후에 일어날 수도 있다. 기본적으로 폐가 너무 심하게 손상을 입는 바람에 산소를 혈류로 내보내는 능력에 문제가 생겨서 죽는 경우를 말한다. 마지막으로 어떤 사람은 '침수증후군immersion syndrome' 때문에 죽는다. 이런 경우 신경 쇼크 때문에 심장이 멈춘다. 고요하고 깊은 호수로 다이빙을 했는데 수면 쪽은 물이 따듯하지만 그 아래로 차가운 수온층이 존재하는 경우에 가끔 일어난다. 보통은 부검을 해보면 그 사람이 어떤 유형의 익사에 해당하는지 판단할 수 있다.

나는 익사에 관한 질문을 꽤 많이 받는다. 보통 익사사건은 맡지 않지만 예전에 함께 일했던 자연사박물관의 한 동료가 이런 사건을 담당하고 있다. 동료는 규조류diatom라는 생명체의 생물학을 연구하는 전문가다. 이 미생물은 단세포로 살기도 하고 여러 세포들이 모여 군체를 이뤄 살기도 한다. 규조류는 조류의 일종이다. 햇빛 에너지를 이용하지만 대부분의 육상식물과 달리 복잡한 조직을 갖고 있지 않다는 의미다. 조류는 복잡해서 헷갈리는 구석이 많다. 대부분의 사람이 익숙히 아는 조류, 특히 고인 물에 거품처럼 떠 있는 초록색 수면피막**pond scum**은 규조류와는 별 관련이 없고 육상식물과 더 가깝다. 신기하게도 이 수면피막 중에는 심지어 조류가 아닌 것도 있다. 개구리밥**great duckmeat, *Lemna polyrhiza*** 같은 경우는 꽃식물이다. 현존생물 중 수면피막과 제일 가까운 친척 생물로는 아룸마쿨라툼**lords-and-ladies, *Arum maculatum***과 몬스테라**Swiss Cheese Plant, *Monstera deliciosa***가 있다. 반면 규조류는 생물학자들도 처음 들어보는 경우가 많은 다양한 미생물 계통에 속한다. 사람들에게 가장 친숙하면서도 가까운 친척으로 블래더랙**bladderwrack, *Fucus vesiculasis*** 같은 갈색 해조류가 있다. 밟으면 터지는 소리가 나는 그 해초다.

규조류는 놀라운 점이 참 많다. 규조류는 적어도 트라이아스기(2억 5,000만 년 전 ~ 2억 년 전) 때부터 살았고, 때로는 양이 엄청나게 많아지는 바람에 규조류 골격의 화석 잔해로 이뤄진 규조토라는 지질학적 특성을 자체적으로 만들어내기도 한다. 규조토는 주로 수영장이나 물고기 수조의 여과제, 치약과 금속 광택

제에 사용되는 미세 연마제, 살충제로 사용된다. 니트로글리세린 nitroglycerin(강력한 폭발성을 가진 물질로, 다이너마이트의 수요 성분이자 심장의 통증을 줄이는 혈관 확장제로 쓰인다 -옮긴이)을 안정시켜 원치 않는 폭발을 예방하는 용도로도 사용되기 때문에 상업적으로 추출이 이뤄진다.

규조류가 이토록 놀라운 점이 많은 이유는 규소 때문이다. 생명체 중에서는 보기 드물게 규조류의 골격은 규소로 이뤄져 있다. 대부분의 동물은 칼슘 기반의 골격을 갖고 있다. 식물에서는 골격에 해당하는 구조물이 대체로 셀룰로오스cellulose나 리그닌lignin으로 이뤄져 있다. 규소로 이뤄진 골격을 갖는 생물 집단은 대단히 드물고, 그런 경우도 대부분 그 골격이 현미경을 써야 보일 만큼 미세하다. 다만 해면동물의 경우 골격의 일부로 역할을 하는 침골spicule이 규소로 이뤄져 있다. 규조류가 범죄 현장을 조사할 때 유용한 이유는 바로 이 규소다.

익사에서 한 가지 놀라운 점은 사람이 호흡을 시도하는 과정에서 폐의 압력 때문에 물속의 규조류가 폐의 막을 뚫고 혈류 속으로 밀려들어갈 수 있다는 것이다. 그럼 이 세포들은 피를 타고 몸속을 돌다가, 혈액순환이 멈추면 결국에는 큰 기관에 가서 쌓인다. 따라서 익사의 형태에 따라서는 신체기관에서 발견되는 규조류가 좋은 증거가 될 수 있다(반면에 마른익사는 이런 경우에 해당하지 않을 것이다).

몸에서 규조류의 표본을 채취하는 게 간단한 일이 아니다 보니, 규소의 특성 한 가지가 중요하게 작용한다. 바로 규소가 인체조직보다 훨씬 열에 잘 견딘다는 점이다. 부검을 할 때는 보통 간이나 골수 같은 조직을 표본으로 조금 떼어낸다. 그다음에 규조류의 규소 껍질만 온전히 남을 정도의 열로 이 표본을 태워 재로 만든다. 질산에 소화시키는 등 조직에서 규조류를 추출하는 다른 방법도 있다. 하지만 영국에서는 재로 태우는 방법을 제일 많이 사용한다. 이렇게 준비된 재를 고성능 현미경으로 검사한다. 규조류의 세포는 상당히 작아서 대부분 직경이 10~80마이크로미터 정도다. 어떤 것은 200마이크로미터까지 가는 것도 있고, 드물게는 1밀리미터에 이르기도 한다. 1밀리미터는 1,000마이크로미터에 해당한다. 규조류 중 60마이크로미터 이하의 작은 종류만 혈류로 침투할 수 있다.

규조류는 다양하다. 과학자들은 규조류의 종이 얼마나 많은지도 모르며, 그 추정치도 작게는 2만 종에서 많게는 200만 종에 이른다는 이야기가 나온다! 규조류는 보통 민물에만 살거나, 바다에만 산다. 영국과 아일랜드에는 2,500종 정도의 민물 규조류가 존재한다. 그중에는 광범위하게 자라는 종이 많지만 분포 지역이 제한되어 있거나 특정 유형의 서식지에만 사는 전문종도 있다.

규조류의 종을 확인하는 열쇠는 규소다. 규조류의 규소 골격은 돌말껍질frustule이라는 세포벽에서 기원한다. 돌말껍질은 믿기 어려울 정도로 아름다울 뿐만 아니라 모양과 장식도 대단히 다양하다. 표본에 든 규조류의 종류를 확인하고 이 규조류가 어떤 종류의 물에서 온 것인지 밝힐 때는, 이런 껍질의 다양성이 핵심 역할을 한다. 수영장이나 욕조의 물에 사는 규조류 군집은 홀로 숲속에 있는 연못이나 수로에 사는 군집과 아주 큰 차이가 있다. 따라서 시신의 기관에 든 규조류는 그 사람의 익사 여부 그리고 익사가 일어난 물의 종류를 확인하는 데 도움이 된다. 누군가가 물의 어느 특정 구간에서 죽었는지 확인하는 열쇠는 최대한 빨리 해당 구간에서 물 표본을 채취하는 것이다! 규조류의 개체군은 대단히 역동적으로 변한다. 수온, 가용한 영양분, 빛의 강도 등이 살짝만 변해도 규조류의 양과 종의 구성이 변할 수 있다. 수사팀이 표본 채취를 며칠만 지연시켜도 규조류 군집이 아주 달라지기 때문에 비교 자체가 무의미해진다. 규조류를 바탕으로 확보한 증거가 가치 있으려면, 규조류를 포함하는 환경 표본의 채취는 해당 표본을 다뤄본 경험이 있는 과학자의 감독 아래 이뤄져야 한다.

나는 빅토리아시대 이전의 과학자들을 정말 열렬히 좋아한다. 그들은 기초 장비만 갖고도 세상에 관해 믿기 어려울 정도로 놀라운 발견을 이뤄냈다. 17세기 중반의 네덜란드 사람 안톤 판 레이우엔훅Antonie van Leeuwenhoek은 직접 현미경을 만들어 균류, 곤충, 식물 그리고 그가 '극미동물animalcule'이라 이름 붙인 단세포 생명체들의 미시세계를 기록으로 남겼다. 그의 선구적 연구는 생물학에 혁명을 일으켰고, 국제적으로 찬사를 받았다. 영국왕립학회The Royal Society of London for Improving Natural Knowledge가 그의 연구를 옹호했다. 영국왕립학회는 1660년에 자연에 관한 지식 개선을 목표로 창립됐다. 레이우엔훅의 발견이 있고 몇십 년이 지난 1703년에 영국왕립학회는 '영국의 한 신사'가 진행한 익명의 연구를 발표했다. 이 연구는 기존에는 알려지지 않았던 미생물을 처음으로 묘사했다. 이 미생물은 연못의 얕은 물에서 채집한 것으로, 서로 연결된 직사각형과 정사각형으로 구성된 수많은 예쁜 가지로 만들어져 있었다. 이 신사가 묘사한 것은 타벨라리아*Tabellaria fenestrata*라는 규조류였다. 이 신원 미상 남성의 관찰은 그 시대 사람들의 호기심이 얼마나 왕성했는지를 잘 보여준다. 이들은 내게 범죄 현장에 갈 때는 가능한 한 그 환경의 모든 측면을 조사해봐야 한다는 사실을 상기시켜 준다.

◡◡◡◡◡

범죄 현장 일을 시작하고 몇 달 후에 나를 매료시키는 단어를 우연히 만났다. 시랍adipocere(공기가 차단된 습기 가득한 환경에서 사체가 방치되면 체내의 지방이 변화해서 백색으로 고형화한 상태가 되고 그대로의 형태로 사체가 보존되는 것 -옮긴이)이었다. 이 단어의 영어 발음에서 느껴지는 이상한 아름다움이 내 마음을 사로잡았다. 이 단어의 의미를 알고 나자, 나는 이상하게 거기에 넋을 빼앗기고 말았다. 시랍은 영어로 grave wax, corpse wax, mortuary wax라고도 한다. 하지만 이런 이름에서는 adipocere라는 단어가 가지는 매력이 느껴지지 않는다.

이 현상은 17세기의 박식가 토머스 브라운Thomas Browne이 기술했다. 그는 시대에서 가장 혁신적인 사상가 중 한 명이었다. 노리치 출신의 그는 윈체스터칼리지에서 공부한 후 옥스퍼드대학교에서 대학원을 다녔다. 그러고 나서는 파두아대학교와 몽펠리에대학교에서 의학을 공부했다. 브라운은 공부를 하는 동안에, 그리고 아마도 노리치에서 의사 생활을 할 때 해부를 목격했을 것이다. 또한 죽음의 의식에 관해서도 매력을 느꼈다. 1658년에 발표한 《호장론Hydriotaphia, Urne Buriall, or, a Discourse of the Sepulchral Urns lately found in

Norfolk》에서 무덤 속 시신에 관해 "치아, 뼈, 모발이 부패에 가장 오랫동안 저항한다"라고 기록했다. 10년 동안 매장된 시신을 조사하고 나서는 "우리는 지방 응결물을 만났다. 흙의 질산칼륨과 시신의 염분과 잿물이 커다란 지방 덩어리를 단단한 캐슬비누Castle soap의 굳기로 응고시켰다"라고 썼다. 브라운이 묘사한 내용은 17세기 사람들의 탐구심을 잘 보여주지만, 시랍에 관해서도 아주 생생하게 담고 있다. 그건 그렇고, 캐슬비누는 카스티야비누Castile soap의 영어식 표현이다. 카스티야비누는 중동이 자생지인 올리브나무olive, *Olea europaea*와 월계수laurel, *Laurus nobilis*로 만드는 비누다.

시랍이 만들어지려면 아주 특별한 환경조건이 필요하기 때문에 무덤이라고 시랍이 다 들어있는 것은 아니다. 첫째, 환경 속에 산소가 없어야 한다. 우리는 대기 중의 산소가 생명을 불어넣어 준다고 생각하는 경향이 있지만, 산소 농도가 너무 높으면 오히려 생명을 죽인다. 일부 생명체는 산소가 아주 낮아야 살아남을 수 있고, 이 혐기성생물anaerobe은 부패 과정에서 중요한 역할을 할 때가 많다. 한 혐기성세균은 우리 몸속의 지방 성분을 분해해서 알코올과 비누 비슷한 물질인 시랍으로 만드는 데 특히나 효율적이다.

시랍의 놀라운 특성 중 하나는 안정성이다. 일단 만들어지고 나면 적절한 환경조건 아래서는 몇 세기 동안 유지될 수 있다. 시랍은 사람 조직 세포의 세부구조를 비롯해서 일부 경우에는 마지막으로 먹은 식사에 이르기까지 모두를 둘러싸서 세밀하게 보존한다. 1911년 늦가을에 패트릭 히긴스Patrick Higgins는 자신의 어린 두 아들 존과 윌리엄을 데리고 마지막 산책을 떠났다. 그는 두 아들을 줄로 묶어 스코틀랜드 윈치버그 근처의 채석장 호수에 버렸다. 히긴스는 아내가 1910년에 사망한 이후로 아이를 혼자 키웠다. 그리고 자신이 노동자로 일하던 벽돌공장에서 노숙하다시피 했다. 그는 육아에 도움을 구해보기도 했지만 소용이 없었고, 살인이 벌어지기 얼마 전에 두 아들을 방치한 죄로 두 달 징역을 살기도 했다. 두 아들이 사라진 후에 히긴스는 아이들을 다른 사람이 봐주고 있다고 주장했다. 하지만 18개월 후에 두 아들의 시신이 호수 표면으로 떠올랐고, 이 아버지는 살인 혐의로 기소됐다. 그는 자신의 심신미약을 사유로 항변했지만, 살인 혐의에 유죄를 선고받고 1913년 10월 3일에 처형됐다. 재판 전, 두 아들의 시신에 관한 조사가 있었다. 몸속 지방 대부분이 시랍으로 바뀌어 있었다. 이 시랍이 마지막 먹은 식사를 비롯해서 시신 중 많은 부분을 보존해줬다. 끔찍하게도 경찰 외과의사 하비 리틀존Harvey Littlejohn과 병리학자 시드니 스미스Sydney Smith는 불법으로 이 아이들의 시신 일부를 떼어내 에든버러대학교로 가져갔다. 이것은 최근까지도 그 대학교에 있었는데, 그 소녀들의 친척인 모린 마렐라Maureen Marella가 두 소녀의 시신을 화장해서 위령제를 열어줄 것을 요구했다. 나는 아직까지 시랍을 가지고 작업해볼 기회는 없었지만 분명 매력적인 일이 되지 않을까 생각한다. 시랍은 규조류, 꽃가루, 균류 포자, 옷에 묻은 식물 조각과 소화관 안에 든 식물에 이르기까지 아주 다양한 미세증거를 보존하는 잠재적 매체일 가능성이 높다. 시랍이 아니면 이런 미세증거는 대부분 부패 과정에서 소실되고 만다.

규조류와 꽃가루처럼 균류 포자도 용의자를 범죄 현장이나 희생자와 연관 짓는 데 사용할 수 있다. 대부분의 사람은 균류라는 말을 들으면 버섯이나 곰팡이 핀 빵 같은 것을 떠올린다. 하지만 균류의 세계는 그보다 훨씬 흥미진진하다. 앞에서 나는 지구에 식물종이 아주 많다고 했다. 가장 최근의 추정치로는 32만 종 정도다. 하지만 이 수치도 균류의 수치 앞에서는 초라해지고 만다. 가장 널리 인정되는 균류 종류의 추정치는 150만 종이다. 하지만 이 수치도 너무 낮게 잡은 것이라 생각하는 과학자가 많다. 균류는 종류도 많지만, 그중 상당수는 특정 지역만 좋아해 국한된 지역에서만 산다. 유럽에서 가장 매력적인 균류 중 하나는 못버섯nail fungus, *Poronia punctata*이다. 못버섯은 포자를 만드는 영양체인 자실체가 옛날식 민머리못과 닮아서 생긴 이름이다. 표면에 작고 검은 점들이

찍혀있는 이 버섯은 생긴 것도 습성도 희한해서 오직 말똥 위에서만 산다. 다른 데서는 살지 않는다. 요즘에는 못버섯을 찾아보기가 힘들다. 말에게 투여하는 항생제 때문이기도 하다.

온갖 특이한 서식지에 사는 특성 덕분에 균류는 범죄과학에서 아주 유용하다. 하지만 큰 장애물이 하나 가로막고 있다. 인간은 식물이나 동물에 비해 균류에 관해서는 여전히 아는 것이 거의 없다. 균류의 대다수는 현미경으로 간신히 볼 수 있을 정도로 작고, 이들의 번식 구조물인 포자는 믿기 어려울 정도로 다양하다. 분명 균류 포자의 다양성과 발생에 관한 이해를 넓히면 법의환경학 도구상자에 도구가 하나 더 늘어날 것이다.

균류 포자가 꽃가루와 함께 중요한 증거로 판명된 사건이 몇 개 있다. 하나는 파트너에게 강간을 당한 젊은 여성의 사건이다. 그날 두 사람은 앞서서 합의에 따른 섹스를 했지만, 나중에 있던 성적 접촉은 합의에 따른 것이 아니었다. 그녀는 파트너를 경찰에 신고했다. 피고인은 공원의 공터에서 합의에 의한 섹스를 했다고 주장한 반면, 피해자는 피고인이 숲에서 자기를 성폭행했다고 주장했다. 앞에서 이미 성적 접촉이 있었기 때문에 사람의 DNA를 증거로 사용하기는 불가능했다. 그래서 피해자의 주장을 입증해줄 환경 증거가 필요했다. 양쪽 장소에서 표본을 채취하고, 피해자와 피고인의 옷에서 표본을 채취해보니 피해자의 주장과 일치하는 유형의 꽃가루와 균류 포자가 검출됐다. 숲에서 나오는 균류 포자는 아주 독특했기 때문에 피해자와 피고인 모두 숲에 있었다는 주장을 강력하게 뒷받침했다. 증거를 제시하자 피고인은 범행 사실을 자백했다.

12장

# 자연은 독성의 발전소

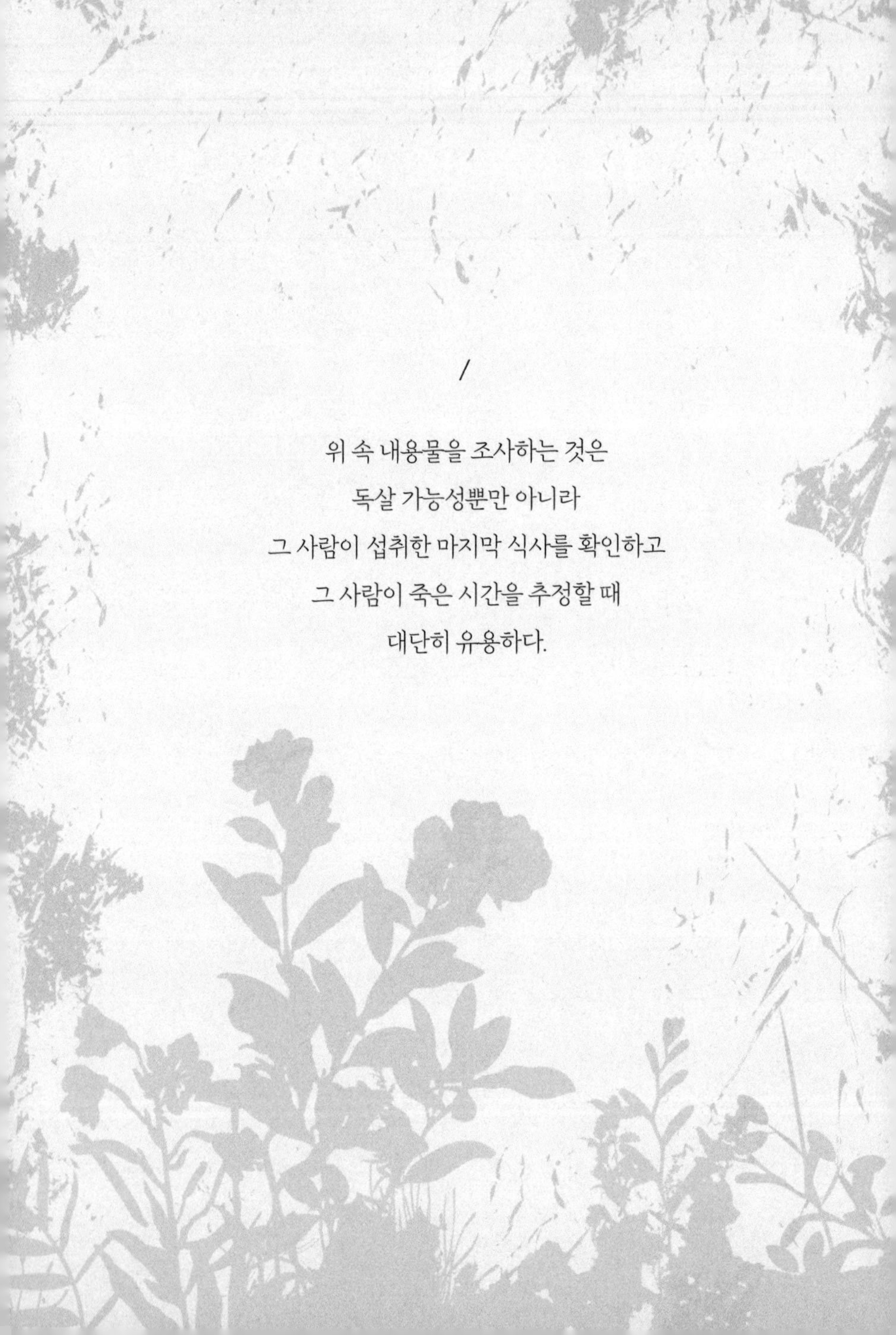

/

위 속 내용물을 조사하는 것은
독살 가능성뿐만 아니라
그 사람이 섭취한 마지막 식사를 확인하고
그 사람이 죽은 시간을 추정할 때
대단히 유용하다.

범죄는 모두에게 영향을 미친다. 어떤 사람에게서는 사랑하는 사람을 앗아가고, 어떤 사람을 더 가난하게 만들거나 가정과 삶을 망쳐놓기도 한다. 범죄는 모든 사람의 삶에 짐을 안긴다. 사람만 범죄의 영향으로 고통받는 것도 아니다. 국제적으로 야생생물 범죄가 주요 관심사고, 그중 일부는 사회에 미치는 해악이 무기 밀수, 인신 매매, 마약 거래에 버금가는 경우도 있다. 천산갑, 코뿔소, 코끼리, 호랑이 같은 동물의 불법거래는 이런 동물들을 멸종으로 몰고 가는 주요한 요인이다. 이런 거래는 툭 하면 신문 헤드라인을 장식할 정도로 심각해졌다. 많은 식물 역시 불법거래 때문에 사라지고 있지만, 이런 식물들을 보호하자는 주장이나 활동은 그다지 관심을 끌지 못한다.

내가 큐왕립식물원 학생일 때 영국의 한 주요 공항에서 불법 선인장 화물이 압수됐다. 이 식물은 식별을 위해 큐왕립식물원으로 보내졌고, 식물원에서는 법정소송이 시작되기 전까지 그 식물을 관리했다. 식물원이 사회에 기여하는 서비스의 또 다른 사례다. 사람들 사이에서 열풍이 부는 바람에 많은 선인장이 멸종위기에 내몰리고 있다. 야생 선인장을 불법채취하는 사람들을 선인장 도둑이라는 꽤나 낭만적인 말로 묘사하고 있지만, 그들의 행위에 낭만적인 부분은 전혀 존재하지 않는다. 이들은 아메리카 대륙(한 종을 제외한 전 세계 모든 선인장의 자생지)의 생물학적 보물을 도둑질하는 것에 불과하다. 큐왕립식물원으로 온 선인장 중 하나는 그 주변에 밧줄을 묶고 트럭으로 땅에서 뽑아낸 것이었다. 선인장 줄기에 묶었던 밧줄이 파고들면서 선인장에 반달 모양으로 잘린 부위가 생겼다. 다행히도 이 선인장은 살아남아 결국 식물원에 전시됐다. 나는 큐왕립식물원으로 돌아갈 때마다 왕세자비온실 Princess of Wales Conservatory에 잠깐씩 들러서 그 선인장의 건강을 빌고 온다. 그 선인장은 통행로와 꽤 가깝게 붙어있고, 그 손상 부위가 아직 보이기 때문에 당신도 찾으려면 찾을 수 있을 것이다.

이런 거래나 야생생물을 대상으로 하는 다른 불법 행위와의 전쟁에서 범죄과학은 점점 더 폭넓게 활용된다. 난초는 약탈에 특히나 취약한 식물이다. 선인장과 마찬가지로 합법적 거래가 폭넓게 이뤄지고 있지만, 이윤이 많이 남는 대형 국제 암시장에 내다 팔기 위해 야생에서 강제로 뽑혀 광범위하게 거래되고 있다. 난초는 다양한 전통 약재와 음식에 들어간다. 전통적 채취 방식은 기존에 지속 가능한 방식이었지만 이제는 광범위한 착취로 변질되고 말았다. 문제가 심각하다 보니 이제는 많은 국가에서 야생생물 범죄와 싸우는 전문 경찰 인력을 두고 있다. 영국의 경우 야생생물범죄

단속반National Wildlife Crime Unit을 두어 맹금류 학대, 토끼 사냥, 오소리 괴롭히기(오소리를 통에 넣고 개에게 덤벼들게 하는 장난 - 옮긴이), 여우 사냥 같은 잔인한 범죄와 싸우고 있다. 박제한 야생조류(특히 맹금류), 새의 알, 나비, 야생 난초 같은 것을 불법으로 수집하고 거래하는 사람들도 중요한 수사 대상이다. 이 일은 다양한 감시 기술을 이용해서 이뤄진다. 그 생물의 DNA와 털이 자라나는 모공hair follicle 및 깃털이 자라는 우포feather follicle 식별을 비롯한 새로운 접근도 동원된다(동물의 털과 깃털은 현미경을 이용해 박물관 수집품과 비교해보면 종을 식별할 수 있다).

야생생물 범죄를 수사하는 실험실에서는 DNA 기반 도구를 사용하는 경우가 점점 늘어나고 있다. 코뿔소 뿔이나 말린 난초처럼 지구에서 가장 희귀하고 큰 위험에 처한 생명체로 만든 가공물질이나 분말에서 종을 식별하기 위해서다. 몇 년 전에 나는 디스커버리의 다큐멘터리를 촬영하기 위해 중국 남부의 운남성을 찾은 적이 있다. 중국의 놀라울 정도로 다양한 식물을 살펴보고, 세계화되고 현대화된 시대에도 중국 사람들이 여전히 이 풍부한 식물에 의지하고 살아가는 모습을 촬영하는 다큐멘터리였다. 카메라에 담은 장면 중 하나는 중국 전통의학에 사용하는 난초 종을 기르는 원예산업의 발달에 관한 것이었다. 중국 전통의학에서 가장 중요한 식물 중 하나이자, 아홉 가지 마법의 한약재 중 하나는 철피석곡iron skin dendrobium, *Dendrobium officinale*이라는 난초다. 이 난초는 수백 년 동안 야생에서 채취됐고, 현재는 슬프게도 멸종위기에 처했다. 중국인들은 재배를 통해 국내외적으로 급성장하는 수요를 따라잡으려 하지만, 야생에서 채취한 난초가 여전히 웃돈을 받고 팔려나간다. 이런 거래를 규제하는 방법 중 하나가 실험실 검사다. 이런 실험실은 박물관 및 식물원 수집품과의 비교를 통해 압수한 물품을 식별하고 검증하는 소중한 기능을 제공한다.

생물 수집품은 야생생물 범죄와 싸우는 소중한 자료가 될 뿐 아니라 새로운 질병의 출현을 이해하게 도와줄 정보의 보관소 역할도 한다. 2009년에 계절성개질환seasonal canine illness으로 알려진 질병이 영국 샌드링엄에 있는 여왕의 사유지와 다른 지역에서 처음으로 확인됐다. 숲에서 산책을 한 개가 이 병에 걸리면 구토를 시작하고 설사를 했다. 심각한 경우 수의사의 치료를 받지 않으면 죽었다. 당연한 이야기지만 예기치 못하게 이 질병이 영국 전체에 급속도로 퍼지면서 개 주인들 사이에서 걱정이 커졌다.

동물건강신탁Animal Health Trust의 연구자들은 이 알 수 없고 고통스러운 질병의 원인을 확인하기 위해 주도적으로 나섰다. 농약, 쥐약 또는 맹금류를 죽이기 위해 불법적으로 설치한 화학물질 등 다양한 원인이 제안됐다. 식물에 의한 것인지도 모른다는 제안도 있었다.

제안된 원인 중 관심을 끈 것으로 남조류blue-green algae도 있었다. 다른 유형의 조류나 육상식물보다는 세균과 더 가까운 아주 매력적인 생명체다. 남조류는 믿기 어려울 정도로 다양한 환경에서 발견되며 생태학적으로 대단히 중요하다. 과학자들이 남세균*Cyanobacteria*이라고 통칭하는 일부 남조류는 균류와 공생관계로 결합해서 지의류lichen(이끼)를 형성하는 경우가 흔하다. 남세균이 없었다면 나무, 바위, 건물을 주황색, 갈색, 초록색, 회색으로 장식하는 아름다운 색조는 존재하지 않았을 것이다. 일부 남조류는 사람이나 동물에게 중독을 일으키는 것으로 악명이 높다. 이 중독은 보통 농업용 비료나 가축분뇨가 섞인 지표수에 오염된 내수면의 물을 접촉하고 섭취했을 때 일어난다. 과도한 영양분이 일으키는 녹조현상 때문이다. 녹조현상은 과영양화된 물에서 일부 남조류 개체수가 환경적으로 위험한 수준까지 과증식하는 경우를 말한다.

2011년 즈음에는 계절성개질환의 수치가 점진적으로 늘어나면서 걱정도 함께 커졌다. 그해 9월 초에 나는 샌드링엄에 있는 여왕 사유지에서 동물건강신탁의 연구자들과 이 병이 식물에서 기원했을 가능성을 조사했다. 불과 며칠 전에 한 부부가 개들을 데리고 숲으로 산책을 갔는데, 그 후로 머지않아 그중 한 마리가 갑자기 아프더니 죽고 말았다. 나는 그 개가 왜 죽었는지 단서를 찾느라 덤불 안팎을 드나들며 하루를 보냈지만, 개를 아프고 죽게 만들 만한 것은 전혀 볼 수 없었다. 독성이 있는 남조류가 나올 만한 곳도 찾아봤지만 보이지 않았다. 독을 가진 버섯이나 식물도 찾아봤다. 숲에는 디기탈리스푸르푸레아**foxglove, *Digitalis purpurea***(디기탈리스)와 월계수귀룽 등의 독성 식물이 있기는 했지만, 모두 오랫동안 존재했던 것들이었다. 이런 것이 원인이었다면 이 병도 수십 년 전부터 나타났을 것이다. 우린 아무런 성과도 얻지 못했다. 솔직히 말하면 동물건강신탁 연구자들에게 들은 말이 있어서 처음부터 식물에서 원인을 찾을 수 있으리라는 기대는 하지 않았다. 나는 바이러스나 곤충을 의심했다.

런던으로 돌아오는 길에 발목 근처가 가려웠다. 잠자리에 누울 무렵에는 성가실 수준이었다. 다음 날 아침에 일어나보니 발목이 밝은 빨간색으로 풍선처럼 부풀어 있었다. 나는 곧장 병원으로 가서 의사에게 무슨 일이 있었는지 설명했다. 의사와 나는 이것이 어떤 보이지 않는 생명체에 의해 야기된 것이 아닐까 의심했다. 의사가 항히스타민제를 처방했고, 그날이 끝날 즈음에는 부기가 크게 가라앉았지만, 발목은 여전히 끔찍한 모습이었다. 나는 발목을 사진으로 찍어서 자연사박물관에서 일하는 동료와 상담했다. 그는 진드기 전문가다.

진드기는 거미와 동일한 진화집단에 속한다. 이 중 상당수는 식물병해충이지만 일부는 동물에게 병을 일으킨다. 수확기진드기 harvest mite나 털진드기chigger 등이 그 예며 서식지가 대체로 따뜻한 지역에 국한돼 있다. 전 세계적으로 일부 수확기진드기는 쯔쯔가무시증scrub typhus의 원인 세균 등 고약한 질병을 일으키는 생명체를 옮긴다. 동료도 내 증상이 수확기진드기의 증상과 일치한다고 동의했다. 아무래도 덤불 속을 뒤지고 다니다가 반갑지 않은 손님이 달라붙은 것으로 보였다. 하지만 영국에서 발견되는 진드기 중에 이런 증상을 야기한다고 알려진 종은 없었다. 영국에 새로운 진드기가 들어왔거나, 기존의 진드기에 의해 매개되는 다른 병원체가 등장한 것일까? 설득력 있는 이야기였다. 생물학자들은 지난 10~20년에 걸친 환경 변화로 식물과 동물의 대규모 이동이 일어났다고 보고했다. 선박과 항공기를 통한 국제무역도 중요한 생물 침입 경로다. 오늘날까지도 확실히는 알지 못하고 있지만 계절성 개질환을 앓는 개에게 수확기진드기가 관찰된 바 있기 때문에 이 질병의 원인으로는 가장 강력한 후보자다.

뒤이어 찾아온 가을에 BBC의 시골생활 프로그램 〈컨트리파일

Countryfile〉의 프로듀서에게서 연락이 왔다. 동물건강신탁 연구원들과 함께 조사한 내용에 관한 인터뷰가 가능한지 묻는 연락이었다. 나는 출연하기로 했고, 며칠 후에 샌드링엄에서 〈컨트리파일〉의 진행자 톰 힙Tom Heap을 만나 인터뷰를 진행했다. 나는 긴장하지 않았다. 박물관에서 일하면서 배운 기술 중 하나가 방송 매체와의 작업이었다. 내가 〈컨트리파일〉과 처음 접촉한 것은 어린 시절의 영웅 중 한 명인 존 크레이븐John Craven과의 만남이었다. 그는 당시 내가 하고 있던 블루벨에 관한 연구와 시민과학 프로젝트에 관해 나를 인터뷰했다. 우리는 런던 남부의 숲에서 만났다. 안타깝게도 하루 종일 비가 퍼부어서 둘 다 지독한 감기에 걸렸다. 차 안에서 그와 함께 무뚝뚝하게 앉아 그냥 오늘 하루 일과가 이것으로 끝나면 좋겠다고 바랐던 것이 기억난다. 분명 그도 나와 같은 생각이었을 것이다. 그래도 나는 존 크레이븐이라는 스타와 있다는 사실에 조금은 들떴다.

다행히도 톰과 인터뷰한 날에는 날씨가 좋았고 모든 것이 잘 진행됐다. 우리는 몇 시간에 걸쳐 샌드링엄 사유지에서 조사한 장소들을 되짚었고(이번에는 덤불 속을 기어 다니는 일은 피했다) 그 모습을 BBC 촬영팀에서 카메라에 담았다. 나는 바보같이 진드기에 물려 만신창이가 됐던 내 발목의 사진을 언급하고 말았다. 방송

팀에서는 프로그램 제작을 위해 그 사진의 복사본을 간절히 원했고, 몇 주 후에는 딱지가 앉은 볼썽사나운 내 발목이 방송을 탔다. 언젠가는 이 사진 덕분에 누군가가 키우는 개의 목숨을 구했다는 이야기가 나오리라 조심히 낙관해본다.

나는 주변에서 자라는 독성 식물이나 버섯을 찾아다니기도 했지만, 직접 키우기도 했다. 10대 시절에 나는 독성 식물들을 키우는 꽃밭을 갖고 있었다. 아코니툼나펠루스(투구꽃), 독미나리, 협죽도가 내가 좋아하는 것들이었다. 어머니와 나는 당시 가족에게 등을 돌린 지 오래인 아버지를 해치우는 데 필요한 치사량이 얼마나 될까 생각하며 즐거워하기도 했다. 우리 가족은 가끔 이렇게 사악해지기도 한다.

나는 독성 식물로 사망자가 발생한 사건을 한두 건 맡아본 적은 있지만 내가 이런 사건을 맡는 경우는 드물다. 몇 가지 이유가 있다. 첫째, 잠재적 독살범 중 상당수는 어떤 식물에 독이 있고, 그런 식물을 어떻게 찾아서 식별해야 하는지 알지 못한다. 대개 독살범(그리고 자살을 시도하는 사람)은 약장이나 차고 또는 정원용 창고로 손을 뻗는 경향이 있다. 둘째, 정제하지 않은 식물의 독은 대부분 선반 위 병 속에 들어있는 독보다 상대적으로 효율이 떨어지고 작용 속도가 느리다. 영국에서 발견되는 식물이나 균류에 존재하는 독으로 사람이 죽으려면 시간이 꽤 오래 걸릴 것이고, 희생자가 그 독을 토해낼 가능성이 상존한다. 마지막으로 대부분의 식물성 독은 시간에 맞춰 치료하면 중독에서 회복될 가능성이 높다.

일반적으로 영국에서 발견되는 대부분의 독성 식물과 독버섯에 관해서는 적절한 치료 방법이 있다. 알광대버섯deathcap, *Amanita phalloides*은 예외다. 이 버섯의 내재적 위험성은 '죽음의 모자deathcap'라는 영어 이름만 봐도 눈치챌 수 있다. 이 버섯을 어느 이상으로 섭취하면 현대의학의 도움을 받아도 사망할 가능성이 크다. 알광대버섯이 이렇게 지독한 이유 중 하나는 가장 독성이 강한 화합물, 그중에서도 가장 강한 아마톡신amatoxin인 알파-아마니틴α-amanitin이 내열성이 있기 때문이다. 그래서 익혀도 분자가 파괴되지 않고 독성을 유지한다. 듣자하니 알광대버섯은 맛이 꽤 좋다고 한다. 따라서 먹다가 뱉어낼 가능성이 낮다. 불행하게도 일반적으로 섭취 후 약 열두 시간 후 증상이 생길 즈음이면 그 사람은 이미 곤경에 빠지게 된다. 알광대버섯 중독으로 죽기까지는 며칠이 걸린다. 독이 몸으로 퍼지는 동안 희생자는 회복되는 것처럼 보일 수도 있지만 결국에는 거의 파괴 불가능한 알파-아마니틴의 끊이지 않는 맹공에 쓰러지게 된다.

다행히도 알광대버섯 중독은 대단히 드물다. 하지만 매년 가을

이면 진균학을 하는 내 친구는 다양한 독버섯에 의한 중독 사고로 병원에서 호출이 올 것을 기다리며 상시 대기한다. 이 가엾은 친구는 가끔 한밤중에 배달된 위胃 속 내용물을 받는다. 그럼 찐득거리는 내용물 속을 뒤지며 현미경으로 조각들을 살펴 버섯의 종류를 밝혀야 한다. 나는 새벽 두 시에 그런 배달을 기다려야 했던 적은 없지만, 최근에 사망한 사람에게서 채취한 위 속 내용물 표본을 받아본 적은 있다. 내 역할은 그냥 식물 조각을 식별하는 것이었다. 그 이상은 나도 할 수 없다. 독성학자도 아니고 의학 수련을 받지도 않았기 때문이다. 내가 관찰한 내용은 내가 식별한 식물이 사망 원인인지 확인할 자격을 갖춘 다른 사람에게 전달된다.

◡◡◡◡◡

자연계는 독성의 발전소다. 보툴리누스균*Clostridium botulinum*에서 나오는 보툴리눔단백질botulinum protein은 지금까지 알려진 가장 치명적인 급성 독소다. 그리고 '죽음의 모자'로 불리는 알광대버섯과 '파괴의 천사destroying angel'라 불리는 독우산광대버섯*Amanita virosa*은 그 이름값을 한다. 사람들이 흔히 키우는 여름 화단용 초목인 피마자castor-oil plant, *Ricinus communis*도 사람에게 알려진 가장 악명 높은 독소 중 하나인 리신ricin을 갖고 있다. 불가리아의 반체제 작가 조지 마르코프Georgi Markov는 리신을 사용한 불가리아 비밀경찰 요원에게 암살당했다. 마르코프는 런던 워털루다리 근처에서 버스를 기다리고 있었는데, 그 순간 오른쪽 허벅지에서 무언가 날카로운 것이 찌르는 느낌을 받았다. 뒤를 돌아보자 한 남자가 우산을 거둬 서둘러 멀어지는 모습이 보였다. 그리고 마르코프는 네 시간 뒤 병원에서 사망했다. 시신을 부검해보니 허벅지에서 직경이 2밀리미터도 안 되는 작은 금속 알약이 발견됐다. 그 알약에는 작은 구멍들이 뚫려있었고 그 안에는 리신이 채워져 있었다. 이처럼 자연에는 수많은 독성 식물이 있다. 하지만 대다수는 손으로 만져도 절대 안전하다.

약 10년 전에 나는 정말 운이 좋게도 뉴스코틀랜드 야드에 있는 블랙박물관Black Museum의 초청을 받아 방문하게 됐다. 이곳은 지구에서 가장 특이한 장소 중 한곳으로 현대사에서 가장 악명 높은 범죄에서 나온 증거물과 수집품들을 잔뜩 보관한다. 여러 가지 밧줄, 총, 식칼, 기타 무시무시한 죽음의 장비 사이에 마르코프를 죽인 작은 은색 백금-이리듐 알약이 자리 잡고 있었다. 이렇게 전시판 위에 올려놓고 보니 마치 보석 같았다.

이 박물관은 믿기 어려운 물건들로 가득 차 있다. 때로는 충격적일 때도 있다. 가장 눈길을 사로잡는 물건 중 하나는 전 애인에게 살해당한 남성의 머리뼈 뚜껑이다. 이와 관련해 내가 기억하는 바로는 19세기의 막바지에 한 부유한 가문의 젊은 상속자가 집안의 하녀에게 홀딱 반했다. 하지만 그 남자의 가족에게 관계가 발각되고, 여자는 임신한 채로 집에서 쫓겨난다. 슬프게도 가난과 임신 때문에 이 여자는 사창가에서 몸을 파는 것 말고는 달리 살아남을 방법이 없었다. 여러 해가 지난 후에 이 여자는 이 새로운 직종에서 어느 정도 자리를 잡게 됐고 어느 날 새로운 손님을 받게 됐다. 그 손님은 한때 사랑에 빠진 바로 그 남자였고, 끔찍하게도 여자를 알아보지 못했다. 분노와 복수심에 불타오른 그 여자는 남자가 다음에 방문할 때 죽일 계획을 세웠다. 이 계획을 실행에 옮긴 뒤 여자와 공범은 남자의 목을 자른 후에 그 머리뼈에 은을 박아 술잔을 만들었다. 그 후로 여러 해 동안 힘든 하루를 마치고 나면 여자는 그 머리뼈에 와인을 부어 자신의 잔인한 승리를 위해 건배했다.

어린 시절에 어머니가 식탁 위에 토마토를 한 무더기 올려놓고는, 아버지가 근처 하수처리장에서 딴 것이라 말했던 기억이 있다. 나는 누군가의 배 속을 통과한 씨앗이 결국 세상 밖으로 나와 어딘가에 싹을 틔웠다는 개념에 매료됐다. 이런 식으로 생긴 무언가를 먹는다는 생각에 혐오감을 느꼈던 기억은 없다. 돌이켜 생각해보면 이 일은 지금 하는 일이 바로 내 천직임을 말해주는 사건이 아니었나 싶다. 위 속 내용물을 조사하는 것은 독살 가능성을 판단하는 중요한 수단에서 그치지 않는다. 그 사람이 섭취한 마지막 식사를 확인하고 그 사람이 죽은 시간을 추정할 때도 대단히 유용하다. 미국에서 제인 복Jane Bock과 데이비드 노리스David Norris라는 두 명의 연구자가 죽은 사람의 소화관에서 발견된 식물 조각을 조사해서 식별하는 선구적인 연구를 수행했다.

어떤 유형의 식물 조직은 아주 튼튼해서 입에서 씹고, 위에서 위산으로 녹이고, 소화관 내 효소로 소화하려고 해도 버틴다. 워낙에 튼튼해서 부분적으로 또는 완전히 온전한 상태로 배설되는 것도 많다. 이렇게 튼튼한 데서 그치지 않고 죽은 사람의 마지막 식사에 든 성분을 식별할 수 있게 명확한 형태적 특성이 있는 식물도 많다. 물론 으깨져 곤죽이 된 상태에서도 그 안에서 감자, 콩, 양배추, 토마토 등 흔히 먹는 음식들을 식별하는 것이 가능하다.

살해된 어린 소년 '아담'이 2001년 9월 21일에 런던 템스강에서 몸통이 훼손된 상태로 발견됐다. 이 악명 높은 살인사건이 사람들의 기억에 남게 된 큰 이유는 그의 죽음이 무티muti라는 의식과 관련되었다는 아주 강력한 증거가 나왔기 때문이다. 아담의 신원은 결국 확인하지 못했지만, 그의 DNA와 뼈의 미네랄 조성은 그가 나이지리아 베닌시티 근처 출신임을 강력하게 시사했다. 아담의 출신지에 대한 지식이 결정적이었다. 아담의 위 속 내용물을 꼼꼼하게 조사해보니, 그가 죽기 직전에 콩을 비롯한 열아홉 가지 식물종이 포함된 식사를 먹었다는 것이 드러났다. 아담의 소화관에 든 콩은 식물학에서 종각<sup>種殼, testa</sup>이라고 하는 콩의 껍질을 조사해서 식별됐다. 종각 표면의 세포 배열은 각각 아주 특징이 있기 때문에 섭취한 식물의 종류를 식별하는 데 사용할 수 있다. 아담 사건의 경우 큐왕립식물원의 식물해부학자가 이 종각이 칼라바르콩calabar bean, *Physostigma venenosum*(칼라바르는 나이지리아 크로스리버주의 주도 -옮긴이)의 것임을 식별했다. 경찰에서 아담의 출신지를 몰랐더라면 큐왕립식물원에서의 작업이 큰 어려움을 겪었을 것이다. 전 세계적으로 콩과fabaceae에는 수천 종이 포함되어 있기 때문에 지구상의 모든 콩과 식물을 다 검색해보려면 한 특정 지역에 초점을 맞춰 진행하는 경우보다 훨씬 긴 시간이 걸린다.

칼라바르콩은 열대 아프리카 지역이 자생지고, 전통 종교에서 마녀를 확인하는 방법으로 오랫동안 사용됐다. 이 종교에서는 마녀로 의심되는 사람에게 콩으로 만든 혼합물을 강제로 먹여 죽으면 유죄로 판단하고, 살아남으면 무죄로 판단했다. 경찰은 범인이 아담에게 칼라바르콩을 먹여 움직이지 못하게 만든 후에 그의 목을 베고 이어서 그의 머리와 팔다리를 잘랐을 것이라 믿는다. 칼라바르콩의 성분은 피조스티그민physysostigmine이다. 이 성분은 근육으로 가는 신경 신호에 영향을 미쳐 발작, 타액 분비, 방광과 창자의 조절 능력 상실을 일으키고, 많은 양을 복용할 경우 질식이나 심장마비로 인한 사망을 일으킬 수 있다. 피조스티그민은 사악한 마법, 아담의 비극적인 죽음 등과 연결돼 악명이 높다. 하지만 적정량의 피조스티그민은 녹내장 치료에 사용되고, 아트로파벨라돈나deadly nightshade, *Atropa belladonna*(벨라돈나)와 흰독말풀thorn apple, *Datura stramonium*의 해독제로도 이용된다.

이상하게도 아담에게는 독말풀도 함께 먹인 것으로 나왔다. 독말풀은 독성과 환각유발로 악명이 높은 식물이다. 독말풀은 중독사건에 툭 하면 얼굴을 내미는 가지과solanaceae라는 식물과에 속한다. 가지과에는 벨라돈나, 담배tobacco, *Nicotiana tabacum*, 맨드레이크mandrake, *Mandragora officinarum*를 비롯해서 독성이 아주 강한 종들이 가득하다. 가지과 안에는 경제적으로 중요한 먹거리 식물도 많이 포함되어 있다. 토마토tomato, *Solanum lycopersicum*, 감자potato, *S. tuberosum*, 파프리카paprika, *S. annuum* 등은 그중 가장 잘 알려진 것들이다.

안타깝게도 아담의 살인범은 법의 심판대에 세우지 못했다. 하지만 그럴 가능성은 여전히 존재한다. 그때가 오면 큐왕립식물원 연구자 같은 범죄과학 전문가들이 유죄 신고에 핵심 역할을 할지도 모른다. 수사 당시에는 없었던 기술이 등장해서 살인범을 찾아내고 유죄를 이끌어내는 데 도움을 줄 가능성도 있다.

13장

# 복잡한 생태계를 올바로 이해한다면

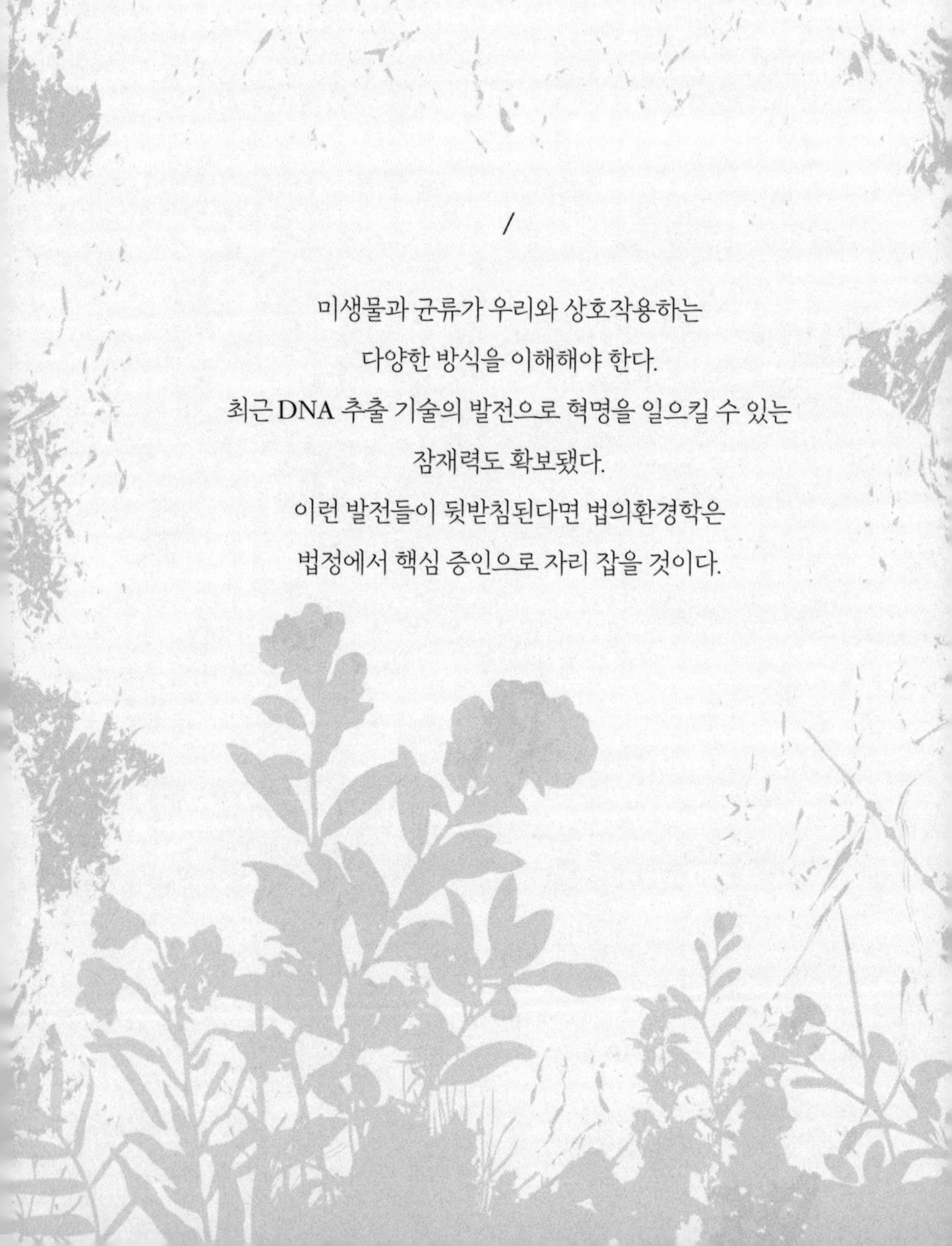

/

미생물과 균류가 우리와 상호작용하는
다양한 방식을 이해해야 한다.
최근 DNA 추출 기술의 발전으로 혁명을 일으킬 수 있는
잠재력도 확보됐다.
이런 발전들이 뒷받침된다면 법의환경학은
법정에서 핵심 증인으로 자리 잡을 것이다.

영국의 경찰과 범죄수사는 10년 넘게 궁핍한 예산으로 굴러오다 보니 어려운 시기를 마주했다. 공공비용 삭감은 경찰의 예산에 아주 큰 영향을 미쳤고, 내가 경험한 바로는 그 때문에 경찰에서 범죄과학 전문가 서비스 의뢰를 점점 더 꺼리게 된 것 같다. 그리고 경찰이 자기네 인력에게 법의식물학 같은 전문 분야를 훈련시키기도 엄청나게 어려워진 것 같다. 훈련을 받지 않으면 감독관, 수색 고문, 형사는 이런 분야를 이해하지도 못하고, 어떻게 활용해야 할지도 알지 못한다. 경찰에서 범죄과학 수사에 자금을 대기가 어려워지면서 연쇄적인 효과가 나타나고 있다. 경찰에서 들어오는 수입이 없어 범죄과학 서비스 제공업체가 점점 더 어려워지는 것이다. 지난 몇 년 동안 영국에서 민간 범죄과학 업체가 살아남을 수 있을지에 관한 우려가 커졌다. 일부 회사는 이미 사업을 접었고, 다른 회사들도 곧 그 뒤를 따를 것 같다.

공공서비스에 대한 사람들의 기대는 높다. 사람들은 경찰이 최고의 기준에 맞추어 행동할 것을 기대한다. 당연한 기대다. 하지만 내가 보기에 경찰의 일처리 방식에 관해서도 터무니없는 기대를 하는 것 같다. 나는 지난 몇 년 동안 경찰이 근무 중에 휴식시간을 갖고 식사하는 것에 관해 타블로이드 언론과 소셜미디어가 맹

렬히 비난하는 것을 보고 소름이 끼쳤다. 이런 비난은 정말 비인간적이며, 비현실적인 요구 때문에 탄생한 것이다. 살을 에는 추위 속에서 경찰들과 땅바닥을 몇 시간씩 기어 다니면서 수사에 참여해보고 나니, 경찰은 마땅히 사회의 칭송을 받을 자격이 있는 사람이라는 생각이 든다. 부패와 형편없는 절차 등의 문제는 마땅히 해결해야 한다. 어디나 흙탕물을 일으키는 미꾸라지 같은 존재는 있기 마련이니까. 여러 국가기관이나 대형 조직이 가지는 문제점도 있다. 사회의 각 부분에 다양한 영향을 끼치는 경찰 내부의 제도적 실패가 있다는 점도 분명하다. 하지만 나는 이런 실패들이 경찰 복지에 관한 자금 지원이 부족해서 생기는 것이 아닐까 생각한다. 지난 10년 동안 나는 사람들이 중범죄를 해결하기 위해 어떤 노력을 하는지 목격했다. 그런 임무를 처리하는 데 점점 더 심한 제약이 생기는 것도 목격했다. 나 같은 전문가가 맡는 역할은 상대적으로 작지만, 지금처럼 계속 가다가는 그 역할조차 더 작아질까 두렵다. 분명 경찰은 자신이 익숙하지 않은 수사 방법을 탐험하는 데 귀중한 자원을 투입할 준비가 되지 않았다. 그리고 최근의 기술 발전이 범죄수사의 새로운 길을 열어주고 있지만, 수사관들이 시간에 더 쪼들리다 보니 그런 접근방법을 탐험해볼 기회조차 점점 줄어드는 것 같아 걱정이 된다.

◡◡◡◡◡

경찰과 일할 때 어려운 점은 환경을 조사하는 통합적인 접근방식이 최고의 성과를 낳으리라는 점을 경찰에게 어떻게 설득할 것인가 하는 부분이다. 대부분의 범죄 현장 전문 영역들은 별개의 존재들이다. 예를 들어 총기 발사 잔여물의 존재는 유리 조각이나 유리 섬유 등 다른 형태의 미세증거와는 서로 관련이 없다. 반면 자연환경에서 나오는 증거물은 다르다. 토양의 유형은 그곳에 어떤 식물군이 존재하는지를 강력하게 시사하고, 이것은 다시 그곳에 어떤 무척추동물, 균류, 미생물군이 존재하는지 예측하게 해준다.

헬리안테뭄누물라리움**common rock-rose, *Helianthemum nummularium***(돌장미)은 다양한 토양에서 사는 인기 있는 정원 식물이다. 이 식물은 비교적 쉽게 자라지만 야생에서는 아주 까다롭게 군다. 영국과 아일랜드에서 돌장미가 사는 거의 모든 장소는 석회암이나 백악 위의 석회질이다. 일부 스코틀랜드 지역에서는 예외적으로 산성 토양에서도 자라는 것으로 알려졌다. 하지만 그곳에서조차 돌장미는 여전히 깐깐하게 군다. 햇볕이 잘 드는 수십 년, 수백 년 된 초원지대에서만 잘 자라기 때문이다.

돌장미는 다른 생명체들을 데리고 다닌다. 이런 생명체들 중에는 전적으로 돌장미에 의지해서 사는 것도 있다. 뿌리와 그 주변으로 그물버섯, 젖버섯, 끈적버섯, 땀버섯 등 다양한 균류 군락이 살아간다. 이 균근연합mycorrhizal associations은 먹이와 영양분을 교환하며 서로 혜택을 준다. 멜리게세즈솔리두스*Meligethes solidus*라는 꽃가루 전문종 딱정벌레는 아직 피지 않은 꽃봉오리와 꽃가루를 먹고 산다. 그리고 네 종류의 벌레가 그 이파리를 먹고 사는데, 그중 한 종인 에멜야노비야나콘트라리아*Emelyanoviana contraria*는 굉장히 희귀해서 요크셔의 석회석 포장지역에서만 보인다. 석회석 포장지역은 포장된 길을 말하는 것이 아니라 석회암 암반 위로 물의 침식에 의해 만들어진 희귀한 지역을 말한다. 잎나방leaf miner, *Coleophora ochrea*을 비롯한 몇몇 나방 유충도 돌장미를 이용한다. 잎나방은 특이하다. 이들은 삶의 상당 부분을 이파리 속에서 굴을 파고 다니며 위쪽 표면과 아래쪽 표면 사이의 부드러운 조직을 먹는다. 돌장미 이파리 사이에는 딱정벌레인 맨투라매슈시*Mantura matthewsi*가 사는 반면, 희귀한 헬리안세마피온아시큘라레*Helianthemapion aciculare*는 노스웨일즈의 그레이트오르메에서만 살고, 아주 희귀한 크라이프토세팔루스프리마리우스*Cryptocephalus primarius* 딱정벌레는 남부 잉글랜드의 몇몇 장소에서만 산다. 당연한 이야기지만 돌장미의 꿀을 먹고 살아도 전적으로 돌장미에만 의존하지는 않는 아름다운 산

꼬마부전나비 **silver-studded blue butterfly, *Plebejus argus*** 등의 다양한 무척추 동물도 있다.

이 예들은 생태계의 복잡성에 관한 통찰을 보여주는 한편, 수사의 일부로 수집된 생물학적 증거를 따로 떼어놓고 바라봐서는 안 된다는 점도 보여준다. 만약에 내게 찰진흙 입자와 돌장미 꽃가루가 든 증거물이 온다면 나는 그 표본이 정원에서 온 것이라 결론 내릴 가능성이 크다. 하지만 백악 입자, 돌장미 꽃가루 그리고 맨투라매슈시의 겉날개가 든 표본이 온다면 나는 그것이 백악질 초원지대에서 온 것이라 결론 내릴 것이다. 지금 든 사례들은 가상이지만 현실과 동떨어지지는 않는다. 나는 토양과 식물이 아닌 생물학적 요소가 함께 든 재료를 받을 때가 많다. 내가 토양의 유형별 특징을 파악하고 겉날개만으로 딱정벌레의 종을 식별할 정도의 전문적 능력을 갖추고 있다고는 생각하지 않는다. 하지만 이런 것들이 가지는 증거로서의 잠재적 가치를 알아보고 식별할 능력을 갖춘 사람을 찾을 정도의 지식은 갖췄다고 생각한다.

생물학적 증거들을 전체적인 관점으로 바라봐야 했던 두 사건이 있다. 한 사건에서는 동료 박물관 생물학자와 내가 한 증거물에서 아주 흥미로운 생명체 조각을 몇 가지 식별했다. 놀랍게도 영국과 아일랜드에서 오직 한 장소에서만 발견되는 희귀 곤충의 조각들이었다. 이것과 다른 정보를 통해 우리는 그 증거물이 바다 건너에서 왔을 가능성이 대단히 높다고 믿게 됐다. 또 다른 사건은 강간 및 살인 사건이었는데, 경찰에서 환경 표본의 조사를 거부했다. 양쪽 사건 모두 과학적으로 증거물을 추가 조사했다면 중요한 결과가 도출됐을 가능성이 높다. 실망스럽게도 양쪽 사건 모두 경찰에서 생물학적 조사를 이어가기를 거부했다. 내가 마지막으로 확인했을 때는 양쪽 사건 모두 미제상태였다.

몇 년이 지난 지금도 조사를 이어가지 않겠다는 이런 선택들이 여전히 나를 낙담하게 만든다. 내가 동의할 수 없는 결정이 내려지면 화가 나지 않을 수 없다. 사회 각계각층에서 이런 일이 일어난다는 것은 잘 알지만, 살인사건 수사에서 이런 일이 생기면 특히나 씁쓸하다. 그런 일 때문에 잠을 설칠 정도는 아니지만 짜증나는 것은 분명하다. 앞의 사건 중 한 건은 벌써 6년이 넘었고, 그 사람의 가족과 친구들은 아직도 사건이 누구의 짓인지 모른 채 슬픔에 빠져있다. 나는 최근에 아주 심하게 부패한 유해가 발견된 현장 근처에서 차를 몰았던 적이 있다. 나는 운전을 하면서 그 사건을 곰곰이 생각하다 조사를 이어가지 않기로 했던 결정에 관해 조용히 속으로 욕을 했다.

보통 나는 경찰에서 수사를 이어가지 않기로 결정하는 이유에 관여하지 않는다. 경찰은 나 같은 사람에게 자신의 행동에 관한 이유를 설명할 의무가 없다. 경찰은 법정에 나와 자기 행동의 정당성에 관해 설명할 것을 요구받을 수 있고, 나도 출석해서 내가 발견한 내용과 그에 따른 조언을 설명하라고 호출받을 수 있다. 이 사건들에서 경찰이 조사를 이어가지 않은 동기가 무엇이었는지는 불분명하지만, 나는 예산 부족이 그 이유가 아니었나 의심한다. 훈련 부족도 한 가지 요소가 아닐까 두렵다. 자연은 무척 복잡해서 이해하려면 많은 시간과 경험이 필요하다. 경찰, 특히나 감독관이 법의식물학이나 법곤충학 같은 전문분야가 언제 어떻게 도움이 될지 이해하려면 훈련이 필요하다. 내가 만나본 영국 경찰 중에는 법의식물학이라는 분야를 한 번도 들어본 적이 없다는 사람도 있었다. 내 생각에는 법의환경학의 모든 분야에 대한 기초 훈련이 필요하지 않을까 싶다.

공공자원의 손실은 보이지 않게 점진적으로 이뤄진다. 아직 자연사박물관에서 일할 때 FSS Forensic Science Service의 식물 표본집 관리를 맡으라는 반갑지 않은 요청을 받은 적이 있다. FSS는 잉글랜드와 웨일스의 경찰과 정부기관에 범죄과학 서비스를 제공하는 정부 소유의 회사였다. FSS 식물 표본집은 30년 정도에 걸쳐 내부 직원들이 편찬했고, 참고용 수집품으로 이용됐다. 이런 문의가 들어왔을 무렵, FSS에는 식물학 전문지식을 갖춘 사람이 더는 남지 않고 표본이 보관된 시설이 다른 기관으로 이관되고 있었다. 자연사박물관에서 그 자료들을 맡지 않으면 그냥 넘어갈 판이었다.

슬프게도 나는 이런 요청에 이미 익숙한 상태였다. 최근에 사망한 사람의 가족이 유품을 정리하다가 이런 수집품을 발견하고 치우기를 바라는 경우가 많아졌다. 한번은 한 학교 선생이 내게 연락을 한 적이 있다. 그 선생은 빅토리아시대에 수집한, 몇천 개 분량의 질 좋은 수집품을 구출한 상태였다. 학교는 식물 표본에 관심이 없어서 그것을 버리려고 했다. 슬픈 일이지만 자연사 수집품 유산과 그 역사적·문화적·과학적 가치의 경시는 드문 일이 아니다. 식물 표본집을 그냥 눌러서 말린 아무 가치 없는 꽃 정도로만 여기는 것이다. 하지만 식물 표본에는 우리의 삶을 풍요롭게 만들고 주변 세상을 이해할 수 있게 도와주는 중요한 문화적·과학적 정보가 들어있다. 나는 FSS의 수집품을 본 적은 없었지만 과학적·역사적 가치가 있을 가능성이 높다고 생각해서 관리를 담당하기로 했다.

놀랄 일도 아니지만 보관 상태가 좋지는 않았다. 표본들이 비닐봉지 안에 아무렇게나 보관되어 있었고, 큐레이터의 관심이 필요한 상황이었다. 나는 그 수집품들을 박물관의 신규 자료로 받아들이는 데 동의했다. 물론 자원봉사자와 직원 들에게 일이 많이 떨어질 것이었다. 표본들을 평가해서 도저히 회생불가인 것들은 폐기해야만 했다. 보관하기로 결정된 표본들은 보존용 종이[당시 한 장당 80펜스(한화 약 1,300원) 정도였다]에 새로 담아 목록을 작성했다. 몇 년 전에 식물 표본을 제대로 보관하고 데이터베이스를 작성하는 데 들어가는 비용을 계산해봤는데 건당 약 7.5파운드(한화 약 1만 1,200원) 정도가 나왔다. 분명 지금은 더 높을 것이다. FSS의 식물 표본은 수백 장 규모였는데 이것을 처리하는 데 드는 비용은 함께 따라오지 않았다. 그래서 이 중요한 자료를 보관하는 비용은 박물관 측에서 떠맡을 수밖에 없었다.

이런 일이 꽤 자주 일어난다. 자료는 구출되거나, 쓰레기통으로 직행하거나 둘 중 하나다. 다행히도 자원봉사자들은 자료를 끼워 넣으면서 아주 즐거워했고, 삼cannabis, *Cannabis sativa*(대마)이 나왔을 때는 신이 나서 흥분하기도 했다. 나는 대마를 식별해달라고 호출받을 때가 꽤 많다. 한번은 대마초 회사 소유주가 대마를 불에 태워 파괴하려고 했었다. 보통 경찰은 사건의 자세한 내막은 이야기해주지 않기 때문에 어떤 상황에서 이런 일이 일어났는지는 나로서도 알 수 없었다. 내 앞으로 배달된 플라스틱 상자에는 쪼그라들고 부분적으로 불에 탄 이파리 잔해가 있었다. 심하게 손상되었고, 열기 때문에 둥글게 공처럼 말린 상태였다. 이 이파리가 대마라는 것은 단번에 알 수 있었지만 나는 개인적 만족을 위해, 그리고 행여 실수를 하지 않기 위해 확실히 하기로 마음먹었다. 나는 조심스럽게 수분을 공급해서 이파리가 수분을 머금고 유연해지게 만들었다. 한 시간 정도 조심스럽게 달래듯이 정돈한 끝에 부분적으로 온전한 이파리를 서너 개 확보했다. 나는 사진을 촬영할 수 있도록 이틀 정도 그 이파리들을 부드럽게 눌러서 건조시켰다. 대부분의 이파리는 수집품에 든 참고 자료와 비교해보지만, 대마잎은 특징이 너무 뚜렷해서 그럴 필요가 없었다!

여담으로 한마디 하자면, 현재의 정부 규제에서 제한물질 restricted substance을 다루려면 박물관이 면허를 소지해야 한다. 규제 자체는 문제가 될 것이 없다. 하지만 이 규칙을 적용하는 방식이 꽤나 터무니없다. 제정신인 사람이면 표본실에 보관된 대마로 대마초를 말아 피울 사람이 있겠느냐고 몇 번이고 말해봤지만, 경찰은 여전히 이 표본을 보관장에 따로 잠가놓아야 하고(이미 시설 자체가 잠금장치가 되어있는데도), 누가 대마를 훔쳐가지 않았는지 확인하기 위해 매년 무게를 달아봐야 한다고 고집을 피운다. 세상 어느 누가 굳이 그렇게까지 해가며 표본실 대마를 피우려고 할까? 게다가 모든 표본은 종이에 접착제로 붙여놓은 상태다. 이것으로 담배를 말아 피려면 표본 제작용 종이까지 통째로 말아서 피거나 종이에서 이파리를 긁어모아 말아야 한다. 더군다나 다른 박물관 수집품과 마찬가지로 자연사박물관의 식물 표본은 대부분 방부제로 쓰는 나프탈렌이나 염화수은으로 오염되어 있고, 100년이 넘은 것들이다. 그 안에는 대마의 주성분인 테트라하이드로칸나비놀tetrahydrocannabinol이 별로 남아있지도 않다.

FSS 식물 표본은 이제 자연사박물관 영국 및 아일랜드 식물 표본실에 안전하게 보관되어 있다. 이 수집품을 구출하고 얼마 지나지 않은 2010년에 정부는 FSS를 닫을 예정이라고 발표했다. FSS는 한 달에 200만 파운드(한화 약 32억 1,500만 원) 정도씩 적자를 기록하고 있었다. 우연히도 술집에서 알게 된 사람 중에 FSS 직원이 한 명 있다. 그가 말하기를, FSS는 그에게 꿈의 직장이었다고 했다. 자기를 비롯해서 모든 사람이 정리해고 대상이라는 말을 듣기 전까지만 해도 말이다. 그 직원은 다른 직원들이 정리해고에 대비하고 안전한 미래와 직장을 확보할 수 있게 도우려 애썼다. 일부는 외국으로 나갔고, 일부는 민간업체에서 일하기 시작했고, 일부는 이 분야에서 발을 뺐다. 그와 동시에 FSS는 수백만 개의 증거물을 전국의 경찰로 되돌려 보내야 했다. 짐작하겠지만, 경찰에 이 일을 감당할 추가 지원은 전혀 이뤄지지 않았다. 전체적으로 볼 때 영국의 범죄과학은 그리 좋은 상황이 아니다.

2010년에 FSS가 문을 닫은 이후로 민간업체가 급속히 늘어났다. 민간업체들은 자신이 따로 홍보하는 전문기술이나 전문분야를 갖고 있을 때가 많다. 어떤 업체는 대체로 인간 DNA 작업에 초점을 맞춘다. 어떤 업체는 섬유나 총기 발사 잔여물 같은 미세증거를 전문으로 한다. 규모가 더 큰 일부 업체에서는 다루는 범위가 넓어서 뼈 식별, 지리정보시스템geographic information system, GIS, 고고학, 법의환경학 등의 업무도 도맡아서 한다. 많은 경우 이런 기술들은 한때 FSS나 경찰에서 담당했던 것들이다.

최근에는 일부 민간업체들도 심각한 상황에 직면해서 사업 규모를 줄이고 있는 형국이다. 지난 10년 동안 경찰의 살림살이에 영향을 끼쳤던 심각한 예산 삭감이 가장 큰 이유다. 2019년 초에 영국 상원 과학기술위원회House of Lords Science and Technology Committee에서 영국과 웨일스의 범죄과학 실태에 대한 조사를 마무리했다. 이 위원회에 참여한 많은 사람이 큰 우려를 표명했고, 일부는 현재의 상황이 지속 가능하지 않다고 느꼈다. 발표된 보고서는 대단히 비판적이었다.

> 우리가 받은 증거들은 형사사법체계에서 범죄과학이 제대로 활용되지 못하고 있다는 사실을 보여준다. 고위층의 리더십 결여, 자

금지원 부족, 불충분한 연구 및 개발 때문으로 보인다. 조사를 진행하는 내내 우리는 영국과 웨일스에서 범죄과학 분야가 쇠퇴하고 있다는 이야기를 접했다. 특히 FSS를 폐지한 이후로 말이다.

국제범죄과학협회International Association of Forensic Science 회장 클로드 루Claude Roux는 이렇게 말했다.

> 내가 학생이었을 때 사실상 잉글랜드와 웨일스는 국제 표준으로 자리 잡고 있었다. 이곳은 범죄과학의 중심지였다. 그리고 30년이 지나 외부에서 관찰해보니 국가적 위기가 계속되면서 이제는 오히려 따르지 말아야 할 사례로 자리 잡게 된 것 같다.

형사사법체계 안에서는 부도덕하거나 무모한 사람들이 너무 쉽게 전문가 증인으로 받아들여지는 것에 관한 우려도 커지고 있다. 전문가 증인 후보가 적절한 자격이나 경험을 갖고 있는지 그리고 그들이 법정에서의 의무를 제대로 이해하고 따르는지 확인할 메커니즘이 부족하다고 느끼는 사람도 많다.

개인적으로 볼 때 경찰이 새로운 절차를 시도해보려는 의지가 점점 줄어드는 것 같다. 경찰은 법의식물학 같은 분야를 확장하려는 의지도 없어 보이지만, 그것으로 무엇을 할 수 있을지 알아볼 시간도 없는 것 같다. 지난 3년 동안 나는 몇몇 경찰서를 방문해서 세미나를 통해 현장 감독관과 형사들에게 '꽃'이 수사에 어떤 도움을 줄 수 있는지에 관한 정보를 제공했다. 하지만 지금까지 어떤 업무 제안도 들어오지 않았다. 법의식물학에 반감을 가지고 있어서라고 생각하지는 않는다. 슬픈 일이지만 시간이 없기 때문이 아닐까 생각한다. 그 사람들은 무언가 계획을 세울 시간은커녕 생각할 시간조차 없다. 그들의 눈을 보면 알 수 있다. 그 사람들은 내 명함을 받고, 세미나에서 소개한 개념에 관해 기대감을 나타내지만, 처리해야 할 수천 통의 이메일이 기다리고 있다는 두려움에 짓눌려 명함을 까맣게 잊어버리고 만다.

⌣⌣⌣⌣⌣

암울한 상황이지만 분명 법의환경학은 범죄수사의 성과를 개선할 수 있다. 법의식물학과 다른 법의환경학 분야들은 아직 DNA염기서열결정DNA sequencing이 촉발한 과학혁명을 온전히 받아들이지 못했다. 심지어 DNA염기서열결정을 DNA지문감식DNA fingerprinting과 혼동하는 경우가 많다. DNA염기서열결정은 DNA의 구성요소의 뉴클레오티드Nucleotide 블록을 개별적으로 확인하는 것이고, DNA지문감식은 뉴클레오티드 코드의 블록들을 종합하는 것이다. 말하자면 DNA지문감식은 아주아주 긴 거리의 구성방식을 기술하면서 집에 번호를 부여해 각각의 건물이 현대식 건물인지, 빅토리아시대 건물인지, 조지왕조시대 건물인지 기록하는 것과 비슷하다. 반면 DNA염기서열결정은 각각의 집을 따로 떼어내 그 집을 쌓아올린 돌이나 벽돌을 하나하나 기록하는 것과 비슷하다.

지난 몇 년 동안 DNA염기서열결정에 사용하는 기술들이 상당히 발전했다. 이제 우리는 더 많은 데이터를 더 신속하고 저렴하게 뽑아낼 수 있게 됐다. 심하게 분해된 표본이나 여러 가지가 뒤섞인 표본에서도 DNA를 추출할 정도다. 고대 DNA ancient DNA를 추출하는 능력의 발달로 미제사건을 다시 꺼내어 증거물 속에서 그 생물의 DNA의 흔적을 검사해볼 수도 있다. 고대 DNA란 오래되고 분해가 진행된 생물 재료에 남은 DNA를 말한다. 이런 DNA 추출 기술은 멸종된 생명체나 반화석 subfossil 으로부터 DNA를 추출하고자 하는 열망에서 비롯된 바가 크다. 예를 들어 식물학에서는 고구마sweet potato, *Ipomoea batatas*의 작물화domestication 과정을 이해하기 위해 300년 된 식물 표본에서 DNA를 추출했다. 정원사 중에는 '고구마속*Ipomoea*'이라는 이름을 알아보는 사람이 있을 것이다. 나팔 꽃이 고구마속에 포함되기 때문이다. 이제 우리는 벽의 표면, 신발, 토양 또는 생물과 접촉했던 거의 모든 것에서 DNA를 추출할 수 있다.

eDNA 분야는 환경보호활동가와 침입종의 확산 통제를 목표로 하는 사람들의 연구에 그 뿌리가 있다. 이런 연구 중 내가 좋아하는 사례가 바로 북아메리카 오대호에서 진행된 프로젝트다. 오대호는 심각한 위협에 처했다. 특히 오염과 침입종에 의한 피해가 심각하다. 오대호에 도입된 바다칠성장어sea lamprey, *Petromyzon marinus*는 20세기 전반부 이후로 호수의 어류들에게 심각한 피해를 입히고 있다. 바다칠성장어의 제어는 전통적으로 바다칠성장어가 성체로 성장하기 전에 화학물질로 죽이는 램프리사이드lampricide를 통한 구제 방법이 이용됐다. 안타깝게도 이 화학약품은 비침입종 칠성장어를 비롯해서 호수에 원래 있던 다른 어류와 양서류에도 해를 끼쳤다. 최근에 매니토바대학교의 연구자들은 강이나 호수에서 바다칠성장어의 DNA만 분리하는 방법을 고안했다. 이것이 어떻게 가능할까? 바다칠성장어의 오줌을 추적하는 것이다. 모든 동물은 소변이나 대변을 통해 폐기물을 배설해야 한다. 이 폐기물 중에는 동물의 몸에서 떨어져 나온 세포들이 있다. 과학자들이 개발한 방법으로 바다칠성장어를 감지할 뿐만 아니라 이들의 DNA를 그 지역에 원래 있던 비침입종 칠성장어의 DNA와 구분할 수도 있다. 침입종 바다칠성장어가 어디 있는지 알 수 있다면 환경에 미칠 악영향을 줄이면서 그들의 개체 수를 통제할 방법을 만들어낼 수 있다. 성호르몬 덫을 이용하는 방법이 그 예다.

범죄수사에도 식물 기반 DNA 정보가 이용된다. 영국에서 그런 경우가 있는지는 모르겠지만 네덜란드와 미국에서는 식물의 DNA지문감식이 이용된다. 식물도 동물과 마찬가지로 DNA를 이용해 각자를 독특한 존재로 만드는 근본적인 조합을 암호화한다. 예외도 있다. 식물계에서는 클론인 식물이 많다. 서로 동일한 유전적 구성을 갖고 있다는 의미다. 그 전형적인 사례가 딸기다. 각각의 부모 식물은 기는줄기를 뻗어 그 끝에서 새로운 싹을 틔우고 뿌리를 내려 새로운 식물을 만들어낸다. 각각의 '딸daughter' 식물도 동일하게 식물을 만들어낸다. 흔한 실내용 화초인 나비란spider plant, *Chlorophytum comosum*도 늘어진 줄기 끝에 자기와 똑같은 어린 나비란을 매달고 있다. 자연에서 나타나는 클론 중에는 거대한 것도 있다. 미국 유타주 피시레이크국립공원Fishlake National Park에서는 북미사시나무quaking aspen, *Populus tremuloides*의 클론이 43만 제곱킬로미터를 덮고 있으며 총 무게가 6,000톤에 이르는 것으로 추정된다. 판도Pando라는 이름으로 알려진 이 클론은 나이가 8만 년으로 추정된다. 동물에게도 클론이 나타난다. 드물기는 하지만 일부 뱀, 상어, 진딧물 등의 많은 무척추동물에서 보고된 바 있다.

유전적으로 동일한 식물은 법의식물학에 문제를 야기한다. 클론이 주변 장소에 흔하고, 멀리 떨어진 곳에도 존재한다는 것이 알려지면 용의자가 현장에 있었음을 법정에서 입증하기는 힘들다. 다행히도 클론이 아닌 식물이 많아 법정에서 식물 기반의 DNA를 증거로 이용한다. 미국 애리조나주에서는 희생자를 싣고 갔던 트럭 뒤에서 찾아낸 푸른팔로베르데나무**blue palo verde, *Cercidium floridum***의 열매로 용의자가 범죄 현장에 있었다는 사실을 입증했다. 과학자들은 식물 DNA를 이용해서 그 열매가 용의자 마크 보간**Mark Bogan**이 희생자 데니스 존슨**Denise Johnson**의 시신을 버린 곳으로 여겨지는 공장 마당의 나무에서 나온 것임을 밝혔다. 1992년에 일어난 이 사건은 법정에서 식물 DNA 기반 증거가 처음으로 사용된 경우로 여겨져 주목을 받았다. 하지만 여전히 법정에서는 이런 증거를 사용하는 경우가 드물다. 이런 증거가 널리 사용되는 것을 가로막는 가장 큰 장애물은 돈이다. 역사적으로 DNA 기반의 작업은 비용이 많이 들었다. 다행히도 새로운 기술들이 등장하면서 비용이 낮아지고 있어 머지않아 이런 기술들이 더 널리 사용될 것이라 믿는다.

환경 표본으로부터 하나의 종을 식별하는 능력을 완전히 다르게 사용할 수도 있다. 기술적으로는 한 표본 안에 존재하는 생명체들의 포괄적 프로필을 구축하는 것도 가능하다. 겉으로 보기에는 생명이 살 수 없을 것 같은 주변 환경에서 얼마나 많은 생명체가 살아가는지 보면 참 놀랍다. 몇 년 전에 자연사박물관에서는 인공적인 벽과 단단한 표면 위에 사는 미생물의 다양성을 조사하는 '마이크로버스Microverse'라는 시민과학 프로젝트를 시작했다. 그 결과는 사람들을 놀라게 했다. 세균과 균류 같은 미생물의 풍부함과 다양성이 예상을 훨씬 뛰어넘은 것이다. 거기에 더해서 연구자들은 서로 유형이 다른 서식지의 미생물 군락을 구분했다. 벽돌 위에 사는 미생물 군락은 콘크리트에 사는 미생물 군락과 달랐고, 오래된 벽에 사는 미생물 군락도 새로 지은 건물에 붙어사는 미생물 군락과 같지 않았다. 이제 우리는 그런 발견을 용의자가 어디에 있었는지 밝히고 확실한 증거를 제공하는 데 사용할 수 있는 위치에 있다.

그럼 왜 그렇게 하지 않는 것인가? 이번에도 역시나 돈이 문제다. 법정에서 이런 과학을 사용하려면 그 전에 많은 연구를 거쳐야 한다. 우선 체계적인 연구 프로그램을 통해 핵심 기술을 갈고 닦아야 한다. 그다음에는 그 과학을 법의환경학에 적용할 수 있는, 비용과 효율이 좋은 방법을 개발하고, 감독관과 형사들을 교육하고,

이런 접근방식이 사법체계 안에 받아들여지게 만드는 추가 작업이 필요하다. 일의 부담이 아주 커지지만, 범죄자들이 무엇을 하지 않아야 법망을 피할 수 있는지를 날로 영악하게 찾아내는 상황이다 보니, 유죄를 잡아낼 새롭고 정교한 도구를 개발해야 할 필요가 점점 커지고 있다.

나는 이 책 곳곳에서 지구에 사는 균류 생명체에 관해 열변을 토했다. 내 박사학위 논문이 이 매력적인 생명체의 진화에 관한 것이었으니 놀랄 일도 아니다. 우리가 죽은 후에 미생물과 균류가 우리와 상호작용하는 다양한 방식을 이해하는 것이 이 지식을 법의환경학에 적용하는 열쇠다. 나는 흰가시동충하초목Onygenales이라는 균류 집단을 좋아한다. 흰가시동충하초목은 케라틴keratin을 분해하는 능력이 특히나 뛰어나다. 케라틴은 피부의 바깥층뿐만 아니라 모발, 뿔, 발톱, 발굽 등을 구성하는 복잡한 단백질이다. 흰가시동충하목 중 일부는 불쾌한 무좀이나 백선(몇몇 다른 종에 의해 야기) 등으로 아주 익숙하다. 일부는 사람 질병의 중요한 원인으로 작용한다. 어떤 것은 사람들에게 잘 알려지지 않고, 아주 특별한 요구조건을 갖고 있다. 혼스톡볼버섯horn stalkball, *Onygena equina*이라는 종은 양, 염소, 말의 뿔과 발굽에 붙어산다. 당신이 아주 운이 좋고 관찰력도 좋은 사람이라면 시골길을 산책하다가 죽은 동물의 유해에서 혼스톡볼버섯이 자라는 것을 볼 수 있을지도 모른다. 혼스톡볼버섯 같은 균류가 포유류의 피부, 손발톱, 모빌에서 어떻게, 얼마나 빨리 군집을 이루는지 이해하는 것은 그 자체로 매력적일 뿐만 아니라 범죄과학에도 중요한 통찰을 제공한다. 균류가 얼마나 오랫동안 자랐는지 추정할 수 있으면, 사람의 유해가 발견 장소에 얼마나 오래 있었는지도 추정할 수 있다.

나는 범죄과학에 몸담으면서 죽은 사람의 피부에서 자라는 균류를 조사해달라는 요청을 몇 번 받았다. 첫 번째 사건은 유아와 관련된 것이었다. 사실 이것은 이 책 첫머리에서 설명한, 내가 범죄 현장으로 의심되는 곳에 불려갔던 사건보다 훨씬 오래전에 맡은 진짜 첫 번째 사건이었다. 경찰에서 내게 사진을 보내며 피부에 자리 잡은 균류 군집의 성장을 바탕으로 그 아이가 언제 죽었는지 추정이 가능하냐고 물었다. 아주 어려운 도전으로 느껴졌다. 우선 사진이 아주 적나라했다. 이런 종류의 사진은 처음 접해보는 터였다. 더 중요한 부분은 우리가 죽고 난 후에 피부에 군집을 형성하는 균류의 유형에 관해서는 알려진 것이 거의 없다는 점이다. 이 균류가 무좀이나 백선을 야기하는 균류 중 하나일 수도, 아니면 완전히 다른 종류일 수도 있었다.

나는 경찰에 균류의 살아있는 표본이 필요할 것 같다고 말했다. 우선 그 종류를 식별해야 했고, 그다음엔 그 균류를 어떻게 키울지 알아내야 했다. 균류 배양은 정말 까다롭다. 아주 복잡한 특정 영양분을 필요로 하는 것이 많고, 먹이의 선택도 아주 까다로울 수 있다. 이 문제를 해결하는 비결은 그것이 선호하는 먹이 공급원을 흉내 내는 것이다. 이 경우 나는 표준 고기육수 한천 배지standard meat broth agar media를 사용할 계획을 세웠다. 한천 배지는 생물학자들이 균류와 세균을 키울 때 사용한다. 배지는 뼈 같은 것을 고아서 만든 영양분 육수와 한천을 끓여서 만든다. 이것을 식히면 육수가 단단하게 젤리로 굳는다. 그 위에 균류나 세균이 자랄 수 있다. 육수가 젤리로 굳는 이유는 한천 때문이다. 한천은 보통 조류에서 추출한다. 육수는 균류에게 필요한 핵심 영양분을 제공하고 한천은 균류가 성장할 물리적 토대를 제공한다. 놀랄 수도 있겠지만 사실 미생물학자들은 균류와 세균을 배양하는 자기만의 레시피를 갖고 있는 경우가 많다. 나는 박사 논문을 위해 난균류를 대마 씨, 흰개미 날개 그리고 뱀 비늘 위에서 키웠다. 이처럼 증거물에서 채취한 균류를 반드시 배양해봐야 했다. 살아있는 균류로 실험을 해보지 않고는 성장 속도를 추정할 수 없기 때문이다. 나는 표본을 채취해서 바로 보내겠다는 대답을 받았다. 하지만 2주가 지나도록 아무것도 도착하지 않아서 경찰에 연락을 해봤더니 표본을 잃어버렸다고(또는 손상시켰다고) 했다!

증거를 잃어버리는 것은 있어서는 안 될 일이다. 하지만 이 사건을 통해 나는 또 한 가지 사실을 관찰하게 됐다. 내 경험으로 볼 때 일부 경찰 인력이나 범죄과학 서비스 제공업체는 살아있는 재료나 보존 처리된 생물 표본을 올바르게 저장하는 법에 관해 거의 아는 것이 없었다. 때로는 죽은 사람 사람의 피부 위에서 자란 균류 군집을 조사해달라는 부탁이 왔는데, 균류를 제대로 보관하지 않아 분명 죽은 것으로 보일 때도 있었다. 정말 안타까운 일이었다. 피부 위에 자리 잡은 균류 군집이나 세균 군집은 사람의 유해가 현장에서 얼마나 오래 있었는지 판단할 때 큰 도움이 되기 때문이다. 예를 들어 이런 상황을 가정해보자. 어떤 사람이 건물 안에서 살해당하고 그 건물에 며칠 있다가 가까운 숲속 장소로 옮겨졌다. 이런 경우 사후경과시간과 그 시신이 숲속에 있었던 시간을 따로 추정할 수 있다면 어떻게 범죄를 저질렀는지 이해하는 데 결정적인 단서가 되지 않겠는가.

사망 시간 추정은 어렵기로 악명이 높지만, 범죄를 이해하고 유죄 판결을 이끌어내는 데 필수다. 이런 추정치는 부패 단계를 바탕으로 나올 때가 많고, 부패 단계는 보통 부검 과정에서 판단이 이뤄진다. 시신을 조사하는 사람은 인체 냉각 정도, 시반 lividity(시체

얼룩), 검정파리 같은 곤충의 존재 여부 그리고 단계가 많이 진행된 경우라면 부패 정도 등을 살펴볼 것이다. 여기에 필요하다면 자연사박물관의 법곤충학자나 다른 전문가의 작업을 통해 추가로 근거를 뒷받침한다.

우리는 대부분 시신의 부패를 끔찍하게 생각한다. 그런 생각을 하는 순간 감염의 위험에 관해 머릿속에 경종이 울리고, 언젠가 죽어야 할 자신의 운명이 실감나게 느껴진다. 거의 모든 소설이나 영화에서 공포를 유발하는 방법으로 부패한 시신을 약방의 감초처럼 사용한다. 하지만 부패는 복잡하고 놀라운 생물학적 과정이다. 우리 몸이 부패하면 서로 다른 세균 집단과 다른 미생물들이 공간과 먹이를 놓고 경쟁한다. 생태학에서는 이런 변화를 '천이遷移, succession'라고 부른다. 천이는 자연 어디서나 볼 수 있다. 정원사들을 위해 한마디 거들자면, 당신이 막 갈아엎은 꽃밭에 잡초 군집이 형성되는 것은 초기 천이 단계다. 그 상태로 오랫동안 놔두면 다년생 풀이 자리를 잡고, 다년생 풀은 다시 관목으로 대체되고, 그다음에는 나무가 자리 잡는다.

부패는 넓은 환경에서 일어나는 천이와 아주 비슷한 과정이다. 초기 천이 단계에는 미생물들이 우리 몸 곳곳에 퍼져 가장 쉽게 습득 가능한 먹이 공급원인 단당류와 탄수화물을 차지하기 위해 경쟁한다. 점점 몸이 먹혀 들어가면서 인대나 연골 속에 든 단백질처럼 복잡한 화합물을 처리하는 미생물들이 득세하게 된다. 난당류와 탄수화물을 섭취하던 미생물들은 세력이 약해지고 점점 사라지다 죽는다. 결국에는 뼈만 남는데, 뼈도 골격의 억센 구성요소들을 소화할 수 있도록 진화한 생명체들에게 안락한 집이 되어준다. 세균과 균류는 놀라울 정도로 다양하고 그중 상당수는 대단히 특화되어 있다.

사후경과시간에 관한 이해를 넓히기 위해 미생물 세계의 복잡성과 다양성 탐구가 점점 더 활발해지고 있다. 부패가 일종의 천이며 발생 순서를 따른다는 인식이 퍼지면서 부패를 야기하는 생명체들을 통해 사후경과시간을 추정할 더 나은 방법이 개발되고 있다. 최근에는 DNA염기서열결정 기술의 발전으로 데이터 추출이 더 빠르고 저렴해졌다. 상대적으로 저렴한 DNA염기서열결정 방법이 나오면서 과학자들의 예산 사정이 이 복잡한 미생물 군집의 탐험을 감당할 수 있게 됐다는 점이 중요하다. 부패의 생물학에 대한 구체적인 연구는 대부분 2010년 이후에 진행될 정도로 대단히 최근에 이뤄졌다. 그래서 이것을 기술하는 데 사용되는 용어도 두 가지다. '네크로바이옴necrobiome'과 '타나토마이크로바이옴thanatomicrobiome'이라는 용어는 비슷한 빈도로 과학문헌에 등장한다. 그래도 네크로바이옴이 좀 더 널리 사용되는 것 같다. 두 용어 모두 죽은 후에 그 속과 표면에서 발견되는 미생물 군집을 뜻한다. 이 미생물들은 부패 과정에서 필수 요소다.

이 분야에서 나온 과학문헌의 수는 아직 적다. 하지만 일부 의미 있는 결론이 도출되고 있다. 이에 따르면 물과 습도도 어느 정도 영향이 있지만 내부의 부패 속도에 결정적 변화를 야기하는 외부 요인은 온도다. 시신이 놓인 숲의 평균 온도를 확인할 수 있다면 그 사람이 언제 죽었는지 잠재적으로 추측할 수 있다. DNA염기서열 데이터를 이용한 연구는 몸속 미생물 군집이 부패기간 동안 현저한 변화를 거친다는 것을 보여줬다. 예를 들어 시신이 부패하는 과정에서 클로스트리디움*Clostridium*이라는 세균속에 속한 종들이 풍부해진다. 이것은 육류를 제대로 보관하지 않았을 때 찾아오는 잠재적 위험 중 하나다. 클로스트리디움속 세균들은 사람에게 높은 독성을 보이는 몇몇 화합물을 생산한다. 어느 시점에 가서는 시신이 파열되면서 영양분이 주변 환경으로 분출돼 그 환경의 pH(수소 이온 농도 -옮긴이)를 높인다. 아마도 '미생물 시계microbial clock'가 법정에서 증거로 사용되려면 몇 년이 더 걸리겠지만, 나는 이런 접근 방식이 오래지 않아 표준으로 자리 잡으리라 믿는다.

체내 미생물 시계는 우리가 죽은 후에 우리를 둘러싼 생명체 군집과 반응한다. 나는 암매장한 곳이나 그 근처로 식물이 더 크게 성장하는 것을 보면 시신을 찾아낼 수 있다는 말을 꽤 자주 듣는다. 안타깝게도 그런 단순한 가정과 달리 실제는 훨씬 복잡하다. 전 세계적으로 돼지의 사체가 있는 진짜 무덤과 텅 빈 가짜 무덤을 만들어 관찰하는 실험이 몇 건 진행됐다. 많은 경우 양쪽 무덤 모두에서 어떻게든 땅을 건드린 경우, 식물은 그에 반응해서 더 활발하게 성장했다. 이런 일이 일어나는 이유는 아마도 구멍을 파서 토양의 구조를 건드리는 행위에 의해 토양 속 영양분이 방출되어 성장에 동원되기 때문일 것이다. 마치 농사에서 땅을 갈아엎는 과정처럼 말이다.

식물의 뿌리가 시신이나 시신 바로 주변의 흙까지 도달할 수 없다면 깊이 매장된 시신이 식물의 성장에 영향을 미칠 가능성은 높지 않다. 식물은 동물과는 아주 다른 방식으로 영양분을 습득한다. 간단히 말하면 식물은 햇빛 에너지, 이산화탄소, 물을 취해서 당분 같은 탄수화물을 만들어낸다. 햇빛을 이용해 단순한 분자를 더 복잡한 분자로 만들어냄으로써 에너지를 얻는다. 동물은 그 반대의 행동을 통해 살아간다. 우리는 복잡한 유기화합물을 취해 더 간단한 화합물로 분해해서 에너지를 얻는다. 부패의 초기 단계를 거치면 세균에 의해 분해 화합물이 만들어지는데, 그중 상당수는 복합 화학물이고 아마도 식물의 성장에 독이 될 것이다. 부패의 마지막 단계에 가서야 식물이 대사하는 데 사용할 수 있는 화합물이 분해된다. 대부분의 상황에서 처음에는 시신의 존재가 오히려 식물의 성장을 방해할 공산이 크다. 하지만 시간이 흐른 후에는 식물의 성장을 촉진할 수 있다.

토양의 유형 그리고 균류나 생태계 속 무척추동물 같은 다른 생명체들이 미치는 잠재적 영향력까지 고려하면 이 시스템은 더욱 복잡해진다. 이 주제는 대단히 매력적이고 아직 많은 연구가 필요하다. 이런 연구를 하려면 이상적으로는 영국에 사체농장을 만들 필요가 있다. 그래야 시체에 일어나는 환경적·생태적 상호작용을 제대로 연구할 수 있다. 사체농장은 과학자들이 사람의 시신을 대상으로 부패 과정을 연구할 수 있는 장소다. 사람들은 우리가 죽은 후에 일어나는 일에 관한 중요한 과학 연구를 뒷받침하기 위해 자신의 시신을 기증한다. 사체농장은 특별히 살인자나 재난의 시나리오를 흉내 내는 것을 목표로 한다. 아마도 전 세계적으로 가장 유명한 사체농장은 미국 테네시에 있는 것일 듯하다. 미국, 호주, 네덜란드의 몇몇 장소에는 이런 시설들이 있다. 바라건대 영국에도 이런 시설이 만들어지면 좋겠다. 사체농장은 외상이나 익사 같은 사망원인이 부패에 어떤 영향을 끼치는지 이해할 수 있는 소중

한 기회를 제공한다. 그리고 네크로바이옴이 어떻게 발달하는지 이해하는 데 있어서도 중요하다. 기증받은 사람의 조직을 가지고 실험실에서 실험을 하거나, 돼지 사체를 대신 이용할 수도 있겠지만 이런 방법들은 그리 신통치 못하다. 기증받은 사람의 시신으로 연구할 수 있어야 한다.

다행히도 이런 연구의 가치에 관한 이해가 높아지고 있어서 많은 사람이 사망 이후 자신의 시신을 기증하겠다는 뜻을 나타내고 있다. 나도 이렇게 기증을 할까 생각 중이다. 나는 항상 풍장sky burial에 매력을 느껴왔다. 풍장은 시신을 트인 공간에 갖다놓아 야생의 청소부들이 먹게 하는 방식이다. 어떤 지역에서는 청소부 역할을 독수리들이 맡는다. 슬픈 일이지만 많은 지역에서 독수리들이 디클로페낙diclofenac poisoning(디클로페낙은 수의학에서 진통제로 사용된다) 중독 때문에 심각한 위기에 처했다. 독수리는 디클로페낙이 잔뜩 스며든 가축의 사체를 먹으면 죽는다. 일부 종에서는 독수리의 95퍼센트 이상이 절멸해서 환경과 사람의 건강에 심각한 결과를 낳고 있다. 독수리의 숫자가 줄어든다는 것은 자칼, 여우, 떠돌이 개가 먹을 사체가 더 많아진다는 의미다. 그 결과로 이들의 개체 수가 늘어 일부 지역에서는 광견병 발병 숫자도 증가한다. 분명 남부 잉글랜드에는 독수리가 살지 않지만, 아마도 사체농장 관리인은 붉은솔개들이 먹을 수 있게 내 시신을 밖에 내놓아 줄 것이다. 그럼 좋겠다.

︶︶︶︶︶

법의환경학의 미래는 전도유망하고 흥미진진하다. 하지만 공공 부문과 연구 부분에 만연한 재정 문제를 극복할 때라야 그런 미래를 기대할 수 있다. 최근 eDNA 기술과 고대 DNA 추출 기술의 발전으로 범죄 현장 관리 방식에 혁명을 일으킬 잠재력이 확보됐다. 점차 규모를 넓히고 있는 사체농장의 국제적 연구 공동체를 통해 미생물 군집이 시신을 어떻게 변화시키는지 탐구함으로써, 수사관들은 사후경과시간을 더욱 정확하게 추정할 수도 있게 됐다. 이런 발전들이 확실하고 일관된 증거물 수집과 정확한 기록으로 뒷받침된다면 법의환경학은 법정에서 모든 것을 빠짐없이 입증하는 핵심 증인으로 자리 잡을 것이다. 이런 새로운 접근방식은 범죄 현장의 식물(그리고 기타 생명체)을 식별하는 능력, 이들이 증거로서 얼마나 의미가 있는지에 관한 이해를 바탕으로 하는 전통적 기술과 반드시 어깨를 나란히 하고 발전해야 한다.

나는 법의식물학에 몸담은 내내 계속해서 예기치 못한 매력적인 일들을 경험했다. 지구는 놀라운 생명체로 가득하고, 우리가 산책길에 만나는 식물들은 자양분을 공급해 삶을 풍요롭게 만들어 준다. 나는 정말 운이 좋은 사람이다. 주변의 다양한 식물을 즐기며 길을 따라 걷다가 주말농장 문을 열고 들어가 온실에 편히 앉을 수 있으니 말이다. 온실에 들어가 있으면 내가 마지막으로 싹을 틔워놓은 씨앗들에 관한 생각에 잠길 수 있다. 올해는 내가 키우는 다섯 종의 토마토 변종 덕분에 특히나 즐거웠다. 아버지가 하수처리장에서 딴 토마토를 식탁에 올려놓은 지 40년 정도가 흐른 지금, 이제 1~2주 후면 토마토 줄기에서 갓 딴 신선한 첫 토마토를 맛볼 수 있다.

다른 사람의 행동으로 자기의 명을 다하지 못한 사람들을 위해 내 지식을 이용해 정의를 구현할 수 있다는 것은 영광이다. 수십 년 동안 현장을 지켜보고 머리를 굴리면서 내 지식은 진화해왔다. 가족의 사랑과 지지가 그런 진화를 뒷받침해준 경우도 많았다. 열두 살이 됐을 무렵 어머니는 운전하다 비상정지하는 데 전문가가 되었다. 조수석에 앉아 창밖을 보다 내가 갑자기 비명을 지르면 어머니는 급정거를 하고 조용히 말씀하셨다. "어디?" 그럼 나는 들뜬 목소리로 이렇게 말했다. "20미터 뒤요." 그럼 어머니는 그 거리만큼 후진하셨고, 나는 차에서 뛰쳐나가 배수로로 뛰어들었다. 이렇게 해서 제라늄프라텐세meadow crane's-bill, *Geranium pratense*와 처음으로 만났다. 이것은 영국에서 가장 아름다운 야생식물 중 하나다. 법의 식물학의 세계로 발을 들이면서 나와 식물의 관계는 새로운 활기를 되찾고 더 풍요로워졌다. 이제 나는 현미경을 통해 식물과 함께하는 시간이 많아졌을 뿐만 아니라 식물을 보는 눈도 달라졌다. 나는 식물이 어떤 형태로 성장하는지, 가지와 가지 사이의 관계는 어떤지 또는 사람이 범죄를 저지를 때 손상을 입으면 어떻게 다시 자라는지에 관해 골똘히 생각에 잠길 때가 많다. 식물을 바라보며 살아온 날이 40년이 넘는데도 아직도 배워야 할 것이 많이 남았다.

마지막으로 중범죄를 해결하고, 희생자와 그 가족 및 친구들을 위한 정의를 구현하기 위해 일주일 내내 몇 년씩 지치지 않고 일하는 사람들에게 정말 큰 존경심을 전한다. 그들은 우리의 존경과 감사를 받을 자격이 있다. 하지만 그 무엇보다도 나는 망자들을 기억하려고 한다. 그들은 내 삶을 바꿔놓았다.

법의인류학을 하는 동료이자 친구 소피에게 감사의 말을 전하고 싶다. 그녀는 내가 이 블랙베리덤불로 가득한 어두운 진흙탕을 지나오는 동안 너무도 중요한 사람이었다. 범죄과학 전문가와 경찰의 업무는 정말 힘들다. 살인 같은 중범죄의 현장에서 일을 하면서도 차분함을 잃지 않을 수 있는 사람이라면 우리에게 존경과 감사의 마음을 받을 자격이 충분하다. 나는 살을 에는 추운 도로변에서 형사, 경찰 수색 고문, 감독관들과 서 있으면서 정말 많은 것을 배웠다. 그 모든 사람에게 아주 큰 감사의 마음을 전한다.

이 책은 학술서적이 아니기 때문에 처음부터 산 사람과 죽은 사람 모두 대부분 익명으로 처리하려고 마음먹었다. 다만 내가 참여하지 않았고, 사람들한테 잘 알려진 사건을 다룰 때는 예외로 했다. 그 때문에 법의환경학의 발전에 기여한 많은 똑똑한 과학자의 이름을 밝히지 못했는데, 이렇게 누락된 부분을 보충하고 호기심 많은 독자들이 법의환경학을 더 배울 수 있도록 간략한 추천도서 목록을 뒤에 마련해놓았다.

| 추천 도서 |


- David O. Carter, Jeffery K. Tomberlin, M. Eric Benbow and Jessica L. Metcalf (eds.) (2017) *Forensic Microbiology* (Forensic Science in Focus).

- David W. Hall and Jason Byrd (2012) *Forensic Botany: A Practical Guide (Essential Forensic Science).*

- Stuart H. James, Jon J. Nordby and Suzanne Bell (2014) *Forensic Science: An Introduction to Scientific and Investigative Techniques.*

- Julie Roberts and Nicholas Márquez–Grant (2012) *Forensic Ecology Handbook: From Crime Scene to Court (Developments in Forensic Science).*

- Patricia Wiltshire (2019) *Traces: The memoir of a forensic scientist and criminal investigator.*

# 시체를 보는 식물학자

**초판 1쇄 인쇄** · 2021년 10월 5일
**초판 2쇄 발행** · 2021년 12월 15일

**지은이** · 마크 스펜서
**옮긴이** · 김성훈
**발행인** · 이종원
**발행처** · (주)도서출판 길벗
**브랜드** · 더퀘스트
**출판사 등록일** · 1990년 12월 24일
**주소** · 서울시 마포구 월드컵로 10길 56(서교동)
**대표전화** · 02)332-0931 | **팩스** · 02)323-0586
**홈페이지** · www.gilbut.co.kr | **이메일** · gilbut@gilbut.co.kr
**대량구매 및 납품 문의** · 02) 330-9708

**기획 및 책임편집** · 안아람(an_an3165@gilbut.co.kr) | **제작** · 이준호, 손일순, 이진혁
**마케팅** · 한준희, 김윤희, 김선영 | **영업관리** · 김명자 | **독자지원** · 송혜란, 윤정아

**디자인** · 정현주 | **CTP 출력 인쇄** · 금강인쇄 | **제본** · 금강제본



**ISBN** 979-11-6521-712-9 (03470)
(길벗 도서번호 040156)

**정가 16,000원**